文系のための

めっちゃ しい

対数

JN026033

監修
山本昌宏
東京大学大学院教授

はじめに

　本書では，指数と対数を解説します。われわれのまわりには，利子や細胞分裂などのように飛躍的に増大したり，逆にみるみる減少してしまうような現象がたくさんあります。さらに，宇宙規模のとても大きな数や，反対に原子レベルのきわめて小さな量をあつかう必要もあります。このようなときに指数の考え方が重要になります。また，指数と表裏一体にある対数も，複雑な計算を効率よく行うために16世紀後半から整備されはじめ，科学技術の現場をささえてきました。

　指数や対数は，経済活動などの身近な現象に結びついて誕生し，実際の計算のための道具としての役目を果たしてきました。一方で，特に文系の読者にとっては，高校でまとまって学ぶ機会がないので，なじみが薄いことが多いことでしょう。**しかし，経済成長の動向や予測などを行う場合はいうまでもなく，さまざまな自然・社会現象をあつかうために，指数や対数はたいへん重要です。**文系だから知らなくてもいいんだ，と他人事ですますわけにはいきません。ともすれば，なじみが薄いまま，現実の応用や必要のために，それらを，いきなり使いこなさなくてはいけなくなり，指数や対数に拒否反応をおこしてしまうことがあります。

　本書は，ていねいに指数・対数の基礎と計算法を解説し，まずはなじんでもらうことを主眼としています。**さらに，指数・対数の考え方は，三角関数とも結びついて，社会や自然におけるあらゆる現象を理解する鍵となり，数学的にもきわめて美しい統一をもたらしています。**本書を通じて，そのような壮大な景色の一端もご覧いただこうと思います。

監修
東京大学 大学院数理科学研究科教授
山本　昌宏

目次

1時間目 ドでかい数をあつかうときの便利道具

STEP 1
ものすごい数をかけ算であらわす

STEP 2

爆発的な増加をグラフにしてみよう

2時間目 指数と表裏一体の「対数」

STEP 1

身近にあふれる「かけ算の回数」

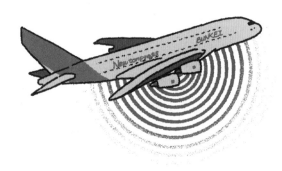

STEP 2
計算をラクにするために生まれた対数

3時間目 もっと指数と対数にくわしくなる!

STEP 1
指数の計算をマスターしよう!

STEP 2
いろんな指数を考えよう!

STEP 3
対数の計算をマスターしよう!

4時間目 対数表と計算尺を使って計算しよう!

STEP 1
複雑なかけ算が, 足し算になる

STEP 2
超便利道具「計算尺」を使ってみよう!

5時間目 特別な数「*e*」を使う自然対数

STEP 1

e はこうして見つかった

STEP 2

世界でもっとも美しい数式

とうじょうじんぶつ

山本昌宏 先生

東京大学で数学を
教えている先生

数学アレルギーの
さえない文系サラリーマン（27才）

1

時間目

ドでかい数を
あつかうときの
便利道具

STEP 1

ものすごい数を
かけ算であらわす

指数と対数は，大きな数や小さな数の計算を簡単にする便利な道具で，科学のさまざまな分野で活躍しています。まずは対数を理解するために欠かせない，指数の考え方を紹介しましょう。

指数と対数って何?

先生，今日は指数と対数について教えてもらいたくてやってきました。
指数と対数って，どういうものなんでしょうか?

指数と対数はどちらも，とても大きな数や小さな数の計算を簡単にする，数学の便利道具です。
この二つは表裏一体の存在だといえるでしょうね。
指数は中学校で習うはずですが，どういうものか，おぼえていませんか?

たしか，ある数の右上に小さな数をつけるやつですよね。

ええ，そうです。

指数というのは，同じ数を何度もかけ合わせるときに使うものです。たとえば，3×3だったら3^2，5×5×5だったら5^3とあらわすんでしたね。

はい！　それくらいなら覚えています！

右上にちっちゃく**かけ算の回数**を書くんですよね！

でも，日常で，同じ数を何回もかけ算する機会なんて，あまりないような。指数っていったい何の役に立つんでしょうか？

世の中には同じ数をかけ算する場面って実はたくさんあるんですよ。それから，**めちゃくちゃ大きな数や，とっても小さな数をあつかうときにも指数は大活躍するんです！**

ふーむ。
では，対数というのはどういうものなんでしょうか？

対数は，指数と表裏一体の存在で，ある数をくりかえし
かけ算する回数をあらわすものです。

ん!?　いやいや，
指数と同じじゃないですか!?

言葉にすると，指数も対数も似てますね。
ただし，両者では見方がことなります。
たとえば，2を何回かかけ算します。8になったときの，
かけ算の回数は何回ですか？

えーっと……，2×2は4，2×2×2は8。
3回ですかね。

ええ，その通りです。
今のが対数の考え方なんです。
くわしくはゆくゆく説明していきますよ！

かけ算の回数……。

対数は，今は多くの高校生を苦しめているようですが，
もともとは，船乗りの命を救うために生まれたんですよ！

対数が命を救う!?

ええ。対数が生まれたのは今から約400年前の**大航海時代**です。GPSなどなかった当時，船の正確な位置を知るためには，**膨大な計算**が必要でした。

ふむふむ。

そこで，船乗りたちを守るために，計算を簡単にする**魔法の道具**として対数が生まれたんです。
対数をうまく利用すれば，複雑なかけ算が，なんと簡単な足し算へと変わってしまうんです。

かけ算が足し算に？

ふふふ。それから，対数の魔法を利用した**計算尺**というアナログの計算機があります。計算尺は，1970年代ごろまで技術者の必需品だったんです！

計算尺？

計算尺

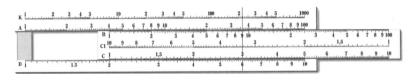

 ええ。計算尺は，人類初の月面着陸に成功した**アポロ11号**にももちこまれました。

今ではほとんど使っている人はいませんが，映画の中などに時折出てきますよ。スタジオジブリの**風立ちぬ**では，主人公が戦闘機の設計をしている場面に登場しています。

計算尺については，4時間目でくわしく解説しますよ。

 はい，楽しみです！

ただし，対数の考え方は，すこし厄介なので，まずは対数を理解するのに欠かせない**指数**から見ていきましょう。

はい！　よろしくお願いします。

観測可能な宇宙の大きさは，約10000000000000000000000000メートル

指数って，くりかえしのかけ算をあらわすものですよね。かけ算をくりかえす機会って，あまりないように思うのですが。

そんなことありませんよ。
とくによく使われるのは**10のかけ算**です。
10のかけ算をうまく使うと，とんでもない数をあらわすことができるんです。

と，とんでもない数……。

ええ。突然ですが，**宇宙**を思い浮かべてみてください。
宇宙は，とってもとっても広くて，私たちが望遠鏡などの観測装置を使って観測できる範囲はかぎられています。
いったいどれくらいの範囲まで観測できると思いますか？
メートルで答えてください。

1000兆メートルくらいですかね（あてずっぽう）。

 正解は，直径にして **約100000000000000000000000000000** メートルです。

うひゃーっ！
いったいゼロはいくつあるんですか！？

ゼロは27個あります。

ゼロが多すぎて，
もはや意味不明……。

そうでしょう。
そこで登場するのが**指数**なんです。
今，紹介した観測可能な宇宙の大きさは，指数を使うと，
10^{27}メートルとシンプルに書きあらわすことができるんです！

うぉっ！　めっちゃシンプル！

これは，**10の27乗メートル**と読み，**10を27回かけた数**という意味です。
右上につけた27のような**「同じ数をくりかえしかけ算する回数」のことを「指数」**といいます。
一方，10のような**「くりかえしかけ算される数」を「底」**といいます。これは，ソコではなく，**テイ**と読みますよ。

ポイント！

$$1000000000000000000000000000m = 10^{27}m$$

27…指数 ＝ くりかえしかけ算する回数

10…底 ＝ くりかえしかけ算される数

ずいぶんシンプルになりましたね！
右上の小さな数字が指数，大きな数字が底。
覚えておきます。

地球の直径
約13000000m

約1.3×10^{7}m

高層ビルの高さ
100m

10^{2}m

こんなふうに，**桁の大きな数をあらわすときに，10を底とする指数を使えば，短く簡潔にあらわすことができるんです。**普通のあらわし方では比較しづらい数でも簡単に比較でき，桁を読み間違えることもなくなります。

 ## なるほど！
指数って便利ですね。

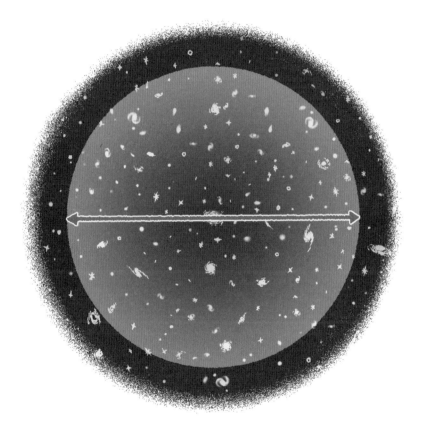

観測可能な宇宙の広さ
約100000000000000000000000000000m

約10^{27}m

指数を使えば，巨大な数を簡単にあらわせることがよく
わかりました！
0の数を数えなくていいのでラクに
なりますね。

ええ，そうですね。
ところで，指数が活躍するのは，大きな数をあらわすと
きだけではないんです。
めちゃくちゃ小さな数をあらわすのにも便利なんです。

めちゃくちゃ小さな数？
0.1とか？

もっともっと小さな数です。
たとえば，自然界のあらゆる物質は，**原子**という粒が
あつまってできています。

理科の時間にならった覚えが……。

原子はそれ自体とても小さいんですけど，その中にはさ
らに小さな**原子核**というものがあるんです。
だいたいどれくらいの大きさだと思いますか？

0.1ミリメートルくらい……ですか？

もっともっともーっと小さいんです。
たとえば水素原子の原子核の直径は
約0.000000000000001メートル。
ミリメートル表記なら，
約0.000000000001ミリメートルです。

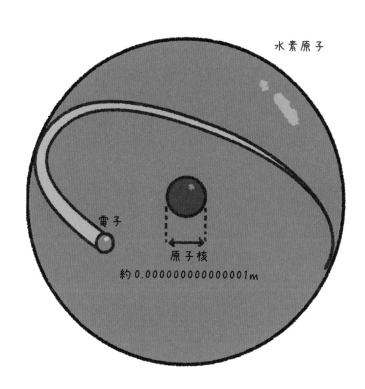

0多すぎ！

これも指数で簡単にあらわせるわけですか？

ええ，そうなんです。

0.000000000000001 は $\left(\dfrac{1}{10}\right)^{15}$ と書けます。

これは，$\dfrac{1}{10}$ を15回くりかえしかけ算したという意味です。

10分の1の15乗とよみます。

ポイント！

$$0.000000000000001\,\text{m} = \left(\frac{1}{10}\right)^{15}\text{m}$$

$\dfrac{1}{10}$ のくりかえしのかけ算で，ごく小さな数が表現できる
わけですね！

はい。$0.1 = \dfrac{1}{10}$，$0.01 = \left(\dfrac{1}{10}\right)^{2}$，$0.001 = \left(\dfrac{1}{10}\right)^{3}$ なので，

先ほどの $\left(\dfrac{1}{10}\right)^{15}$ は，**小数点以下に0が14個あることが
一目でわかります。**

$$0.1 = \frac{1}{10}$$

$$0.01 = \left(\frac{1}{10}\right)^2$$

$$0.001 = \left(\frac{1}{10}\right)^3$$

$$\vdots$$

$$0.000000000000001 = \left(\frac{1}{10}\right)^{15}$$

 本当だ。大きな数も小さな数も、
指数であらわすと簡単です。

 ただし、こんなふうに底に $\frac{1}{10}$ を使うのはややマイナーかもしれません。

 どういうことですか？

 別の表記の方法もあるんです。
それは指数にマイナスの数を使うっていう方法です。先ほどの $\left(\frac{1}{10}\right)^{15}$ は 10^{-15} とあらわすこともできるんです。

マイナスの指数……。

 ええ，これは**10のマイナス15乗**と読みます。指数が**−15**なわけですね。

どちらかというと，こちらの表記の方がより一般的です。

ポイント！

$$\left(\frac{1}{10}\right)^{15} = 10^{-15}$$

 指数がマイナスになると，底の分子と分母がひっくりかえるんです。マイナスの指数については，3時間目にくわしく説明しますから，ぼんやりと覚えておいてください。

 はい。ともかく大きな数だけでなく，とても小さな数も指数を使って簡潔にあらわせることがわかりました！

1粒の米が毎日倍になると，30日で536870912粒に

それではここで指数を使ったおもしろい計算を紹介しましょう。

おもしろい計算？

むかしむかし，ある知恵者がいました。
殿様から，褒美の品の希望を問われた知恵者は，「初日は1粒，2日目は2粒，3日目は4粒というように，1粒からはじまって30日間，前日の倍の数の米粒をください」といいました。

えらく謙虚ですね。

まぁ，普通はそう思いますよね。
だから殿様も二つ返事で許可しました。ところが1か月経ってみると，殿様はびっくり仰天！

ど，どうしました!?

なんと，30日目には，**5億3687万912粒**の米を
あたえることになったんです！
これは米俵にして**約200俵分**です。

ひーっ！
いったいなぜそんなことに!?

初日は1粒，2日目はその倍で1×2粒，3日目はさらにその倍で1×2²粒，4日目は1×2³粒というように増えていき，30日目は**1×2²⁹粒**となります。この値が，先ほどの**5億3687万912粒**です。
ちなみにその10日後には，1×2³⁹粒となって，5497億5581万3888粒となり米俵20万俵あまりに達します。

おそろしや！

このように，かけ算をくりかえすことを数学の世界では，**累乗**といいます。指数を使って表現されるくりかえしのかけ算は，**想像をこえる爆発力**を秘めているんです。こんなふうに，非常に急激に増加することを**指数関数的な増加**などとも表現します。

かけ算は爆発だー！

0.1ミリの厚さの紙を42回折ると月まで届く

 くりかえしのかけ算の威力がわかるお話をもう一つしましょう。

 はい！　お願いします！

 そこにある折り紙を42回，半分に折ってみてください。

 42回!?
いいですよ。1回，2回，……7回目，ぐぬぬ。
固くてこれ以上は無理っす！

ふふふ。ま，42回折るのは不可能なんですけどね。

 はっ!?　どういうことですか!?

 まぁまぁ。実はこの厚さ0.1ミリの紙を42回折ると，なんと，**月まで届いちゃうんです！**

つ，月まで〜!?

ええ。1回折ると0.1ミリの厚みが倍になるので，0.2ミリですね。2回折るとさらにその倍で，0.4ミリ。さらに折ると，0.8ミリ→1.6ミリ→3.2ミリ……と**倍々**に増えていきます。

おそろしい予感……。

そして**10回目**には**約100ミリメートル（10センチメートル）**の厚さになります。

え，10センチ？　ほんとに月まで届きます？

さあ，ここからですよ。
さらにくりかえすと，なんと**23回目**には東京スカイツリーの高さ（634メートル）をこえて**約840メートル**に達します。
さらに**30回目**には，**約100キロメートル**もの高さとなり，宇宙に達します。

ぎえぇー……。

そして**42回目**には，その高さが**44万キロメートル**にもなり，なんと月までの距離（約38万キロ）をこえてしまうんです。

くりかえしのかけ算は，回数が増えてくると，結果が急激に大きくなるんですね。

 その通りなんです。

 月まではさすがに無理だと思いますが，せめてスカイツリーくらいまでは頑張って紙を折ってみます！

 がんばってください……（絶対に無理なんですけどね）。

ギターの弦は1.06倍のかけ算でできている

突然ですが，楽器は弾けますか？

楽器は小学校で習ったリコーダーくらいですかね。それが何か……？

くりかえしのかけ算は，実は，ドレミファソラシドのような音階とも関係しているんですよ。

それはまた，いったいどういうことなんでしょうか？

たとえば，**弦楽器の場合，弦の振動する部分の長さは，1.06倍のくりかえしになっているんです！**

弦楽器というと，ギターとかバイオリンとかですね。弦の振動する部分の長さが1.06倍のくりかえしというのはどういうことでしょうか？

音の高さは，弦の長さによって決まります。**弦の長さが1.06倍になるごとに，音の高さが半音ずつ下がっていきます。**

ふむふむ。

たとえば、「シ」の音を半音下げたいとき（ラ♯にしたいとき）には、弦の長さをシの弦の約1.06倍にします。さらにもう半音下げたいとき（「ラ」にしたいとき）には、シの弦の約1.06^2倍（約1.12倍）にする、といった感じです。

へぇ～。
でも、ギターの弦の長さは簡単に変えられませんよね？

ふふふ。そうですね。
ギターの場合、フレットという部分があるでしょう？どのフレットをおさえるかによって、弦の振動する部分の長さが変わり、音の高さが変わるんです。

なるほど！

次のイラストのように、弦の根元から各フレットまでの長さは、約1.06倍きざみになっています。おさえるフレットを一つずつギターの先端に近づけるごとに弦の振動する部分の長さが約1.06倍になり、音が半音低くなるというわけなんです。だから、フレットは等間隔ではなく、先端に近くなるほど、間隔が広くなっているんですよ。

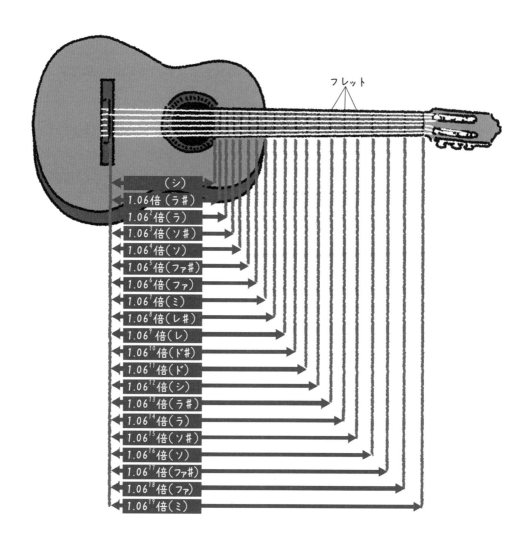

そんな構造だったんですね。でも，なんで1.06倍なんて中途半端な数字なんでしょうか？

いい質問です！　ご説明しましょう！
低いドから高いドのように，**音が1オクターブ上がると，弦が1秒間に振動する回数は2倍になります。**
この1秒間の振動の回数を**振動数**といいます。振動数は，弦の長さで決まります。つまり，**高いドと低いドの弦の振動する部分の長さは2倍ちがうわけなんです。**

音階はそういうしくみだったんですね！
でも，2倍から1.06倍にどう結びつくんでしょうか。

1オクターブというのは，**12の半音**に分けられているんです。先ほどのギターのイラストを見ると，シから次のシまで12個音が並んでいますよね。

ええ。

それで，1.06を12回くりかえしかけ算すると，およそ2となります。つまり，**1.06という数字は，12回くりかえしかけ算すると2になる数**なんです。

ほほぉ～。

 音階は，1オクターブをかけ算の考え方で12等分すること **でつくられている**わけなんです。

 音階ってそんな秘密があったんですね～。
音楽にもくりかえしのかけ算が関係しているなんて，ビックリです！

STEP 2
爆発的な増加を
グラフにしてみよう

くりかえしのかけ算で，数が"倍々"に増えていき，「とんでもない数」になる現象を，グラフにしてみましょう。数の増え方の様子がわかり，"倍々の爆発力"が実感できます。

細菌の増殖で指数関数のすごさを実感

ここからは，**くりかえしのかけ算をグラフを使って**見ていきましょう。

数が倍々に増えていく現象は，自然界のあちこちで見られます。ここでは，**細菌の分裂**を例に考えてみます。

細菌？　食中毒とかおこすあれですか。

ええ，そういった悪い細菌もいれば，私たちの体を守る良い細菌もいます。私たちの体にはおよそ，**百兆個の単位の細菌**がいるといわれています。

ひーっ， き，気持ちわるい。

まぁ，目には見えませんし，私たちが健康に過ごせるのもその細菌のおかげだったりするんです。実はこの数は，私たち自身の細胞の数よりも多いとされています。

細菌の数の方が多いの!?
完全に細菌に乗っ取られてるじゃないですか!

 ははは。では，本題にもどりましょう。
細菌は，**一つが分裂することで，二つに増えます。分裂した二つの細菌は，それぞれがまた二つに分裂します。これが次々とくりかえされることで，細菌の個数は時間が経つにつれて急速に増えていくんです。**

 倍々になっていくわけですね。

 ええ，その通りです。
一つの細菌が1分ごとに分裂するとすると，1分後に2個，2分後に4個（2×2），3分後に8個（2×2×2）というように増えていきます。
これを数式で表すと $y = 2^x$ と書けるんです。
yは細菌の個数，xは経過時間をあらわします。

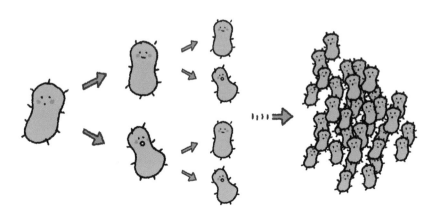

この数式を使えば，x に好きな時間を入れることで，そのときの細菌の個数 y を知ることができるんです。

このような数式を **指数関数** といいます。

 10分後だったら，細菌の数 y は 2^{10} とあらわせるわけですね。

 その通り。2^{10} は，1024なので，10分後に細菌の個数は1024になっているわけです。

ここで，この数式をグラフにえがいてみましょう。すると，その変化のようすがとてもよくわかります。

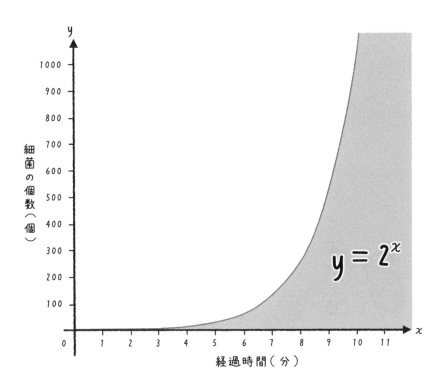

44

横軸が経過時間，縦軸が細菌の個数です。

 はじめのころは，グラフの曲線がなだらかなのに，後半で急激に立ち上がっていますね。

 ええ，そうなんです。これは時間が経つにつれて，細菌の個数が急激に増えていることを意味しています。
ちなみに，**6時間後（360分後）の細菌の数は，2^{360}で，その数は234で始まる109桁の数になります。**

たった6時間で109桁!?

 まぁ，実際には，細菌が死んだり，まわりの環境が悪くなったりして，どこまでも無限に分裂するってことはないんですけどね。ともかく，
指数関数の増加のしかたはハンパ ないんです！

 ドキドキ。

ところで，**指数関数**っていう言葉が出てきましたけど，これは何なんでしょうか？

指数関数とは，指数についての関数のことです。

そのまんまですね！
意味不明です。

指数というのは，今まで散々やりましたね。

はい，3^2の2のように，かけ算の回数をあらわすものですね。

ええ，その通りです。
そして，**関数というのは，ある数を入れると，中でなんらかの計算をして，その計算結果を返してくれる"機械"のようなもののことです。**

46

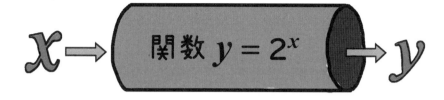

機械？

ええ。たとえば，先ほどの $y = 2^x$ では，$x = 3$ のとき，$y = 8$。$x = 10$ のとき，$y = 1024$ となります。つまり x の値が決まると，y の値が決まるのです。**このように，二つの未知の数（変数）があって，一方の数が決まると，もう一方の数も一つに決まる，というような対応関係のことを関数というのです。**

一方が決まると，もう一方が決まる関係……。

はい。$y = 3x + 2$ などの x や y についての数式が関数です。

そういった関数の中でも特に **$y = a^x$ の形であらわされる関数を「指数関数」**というんです。

じゃあ，たとえば，$y = 10^x$ なんかも指数関数ですか？

ええ，その通りです。
このあとは，**対数関数**というものも登場しますから，
楽しみにしていてください。

ひーっ，むずかしそう！

この化石はいつのもの？

ここからはしばらく，**指数関数のグラフ**についていろ
いろと見ていきましょう。

はい，お願いします。

指数を使ったくりかえしのかけ算では，必ずしも数が増
えていくとはかぎりません。1よりも小さい数をくりかえ
しかけていけば，数はどんどん小さくなっていきます。

原子核の大きさを $\frac{1}{10}$ のかけ算であらわしたのと，同じ考
え方ですね。

よく覚えていましたね。その通りです。
ここでは，**化石の年代測定**の例を見てみましょう。

化石がいつごろのものかを調べるやつですね。

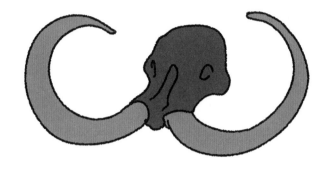

ええ，そうです。
化石の年代測定には年代によって，いろいろな方法があるんですけど，よく利用される方法の一つに，**炭素14年代測定**というものがあります。

どんな方法なのでしょうか？

炭素14という，ちょっと変わった炭素原子があるんですけど，この炭素14は放射性物質で，普通の炭素原子とちがって，放置しておくと，だんだん崩壊して窒素原子に変わってしまうんです。

ほぉ。

炭素14は，私たちの体の中にも少量含まれています。生きている間，炭素14は体の中に一定の割合に保たれていますが，**生物が死ぬと，炭素14はどんどん崩壊して，時間とともに減っていくんです。そこで，炭素14がどれくらい減ったかを調べることで，化石の元となった生物が死んでからどれくらいの時間が経ったのかを推測するんです。**

 なるほど！　でも，そこにくりかえしのかけ算がどのように関わってくるんでしょうか？

 炭素14の原子の集団が崩壊していき，全体として元の$\frac{1}{2}$の数になる期間のことを**半減期**といいます。

 はんげんき……。

 半減期1回分の年月の経過で，炭素14の数は$\frac{1}{2}$に，2回分の年月の経過では$\frac{1}{2} \times \frac{1}{2} = \frac{1}{4}$となります。

 あっ！
$\frac{1}{2}$のくりかえしのかけ算だ！

 その通り！
つまり，**最初の炭素14の量を1とすると，半減期x回分の期間が経過したあとでは，炭素14の量は，$y = \left(\frac{1}{2}\right)^x$という式であらわせるわけです。**

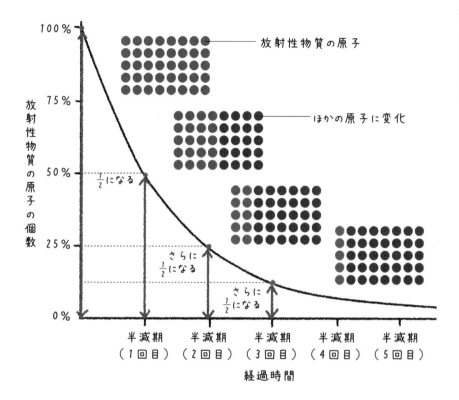

放射性物質の原子

ほかの原子に変化

$\frac{1}{2}$になる

さらに
$\frac{1}{2}$になる

さらに
$\frac{1}{2}$になる

半減期　　半減期　　半減期　　半減期　　半減期
（1回目）（2回目）（3回目）（4回目）（5回目）

経過時間

 炭素14の半減期は約5730年なので，これを元に
化石がいつごろの生物のものだったのかを推測するわけ
なんです。

 指数関数を元に化石の年代がわかるわけですね！

海の中の明るさだって, 指数でわかる

 くりかえしのかけ算の, もう少し身近な例はないんでしょうか？

 それじゃあ海の中の話をしましょう！

 海の中？ あまり身近じゃないですが……。

 海の中って, 深くもぐればもぐるほど日の光が届かなくなって暗くなっていきます。

 それはわかります。
深海は, **真っ暗闇**だって聞いたことがあります。

ふふふ。実は**水深と明るさとの関係も指数関数であらわせるんです。**

えっ!? どういうことですか？

条件にもよりますが，ここでは，1メートルもぐるごとに，明るさが $\frac{9}{10}$ 倍になるとしましょう。

水面での明るさを1とすると，水深1メートルでの明るさは $\frac{9}{10}$ となります。

はい。

水深2メートルでは，$\frac{9}{10} \times \frac{9}{10} = \frac{81}{100} = 0.81$，

水深3メートルでは $\frac{9}{10} \times \frac{9}{10} \times \frac{9}{10} = \frac{729}{1000} = 0.729$ と計算できます。

$\frac{9}{10}$ のくりかえしのかけ算ですね！

 ええ。それじゃあ水深と明るさの関係を数式であらわすとどのようになるでしょうか。水面での明るさを1としたときの，水深 x m のところの明るさを y として考えてみてください。

 えっ!?
明るさ y は，$\frac{9}{10}$ のくりかえしのかけ算だから……，
$y = \left(\frac{9}{10}\right)^x$ でしょうか？

 はい，その通りです！
これをグラフにすると，次のようになります。

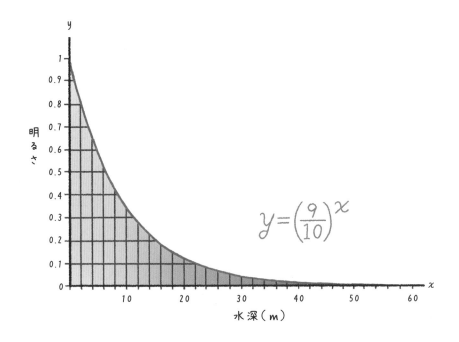

はじめは一気に暗くなり，深くなるにつれて，変化は小さくなるんですね。

ええ，その通り。水深が深くなると，明るさは0に限りなく近づいていきますが，0を下回ることはないんですね。

なるほど。
グラフを見るとよくわかりますね！

利子の計算をやってみよう

では指数関数の話の最後に，お金について考えてみましょう。

お金，大好き！

フフフ。さて，ここで考えるのは**利子**の話です。
銀行からお金を借りると，そのお金にはある割合で利子がつきます。
その利子のつけ方には**単利法**と**複利法**という2種類があります。

はじめて聞きました。単利法と複利法は，何がちがうんですか？

単利法は，元金にだけ利子がつくものです。
一方，**複利法は，「元金＋前の期間までに生じた利子」に利子がつくものです。**
複利法では，**利子に利子がつく**ので，時間が経つほど元金と利子の合計金額がふくれあがるんです。

ひーっ，おそろしい！

そうなんです。気をつけてくださいね。
で，この**複利法に指数関数があらわれるんです。**

指数関数……。

ここからは文字を使って説明をするので，少しむずかしいかもしれませんが，頑張ってついてきてください。
複利法では，**元金を a，年利率を r とすると，n 年後の元金と利子の合計金額は $a \times (1 + r)^n$ という式**であらわせます。
つまり**指数関数**になるんです。

わけわかんないです！

 具体的な金額を例に考えてみましょうね。
元金 a ＝ 100万円を，年利率 r ＝ 5％ ＝ 0.05 の複利法で借りたとします。このとき，元金と利子の合計は，
1年後には，$100(1 + 0.05) = 105$万円になります。
2年後には，$100(1 + 0.05) \times (1 + 0.05) = 110$万2500円になります。そしてなんと
14年後には，元金と利子の合計は約200万円にもなります。

 元金の倍じゃないですか！

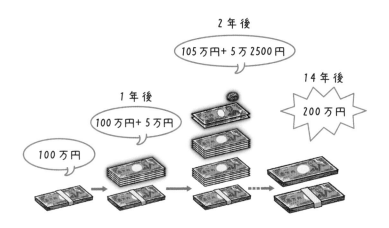

これが複利法なんですね。つまり複利法は**指数関数的**に増えていくんですね。

こわっ!!

ちなみに, 今見た複利法でいつ2倍になるのか, おおよその年数を瞬時に計算する方法があります。
それは**70÷年利率(%)**をするんです。

70?

たとえば, 先ほどの年利率が5%のとき, 70を5で割った14年が2倍になるのに必要な年数となります(正確には14.21年)。
こんなふうに「70」を使った概算方法は, **70の法則**とよばれています。ここでは説明しませんが, 70の法則は微分積分という数学のワザを使うと導くことができるんですよ。

指数をはじめて使ったのは哲学者デカルト

いやぁ，指数を使えば，大きな数や小さな数，それから身のまわりのいろんなくりかえしのかけ算を簡単にあらわすことができることがわかりました。
指数って便利ですね！

そうでしょう！　指数の考え方は2時間目で紹介する対数にくらべると，ずいぶんわかりやすいと思います。

えっ……，対数ってそんなにむずかしいんですか？

順を追ってやさしく解説していきますから，
大丈夫ですよ。

はい。
ところで，ここまで見てきたようなくりかえしのかけ算って，いつごろから考えられていたんでしょうか？

くりかえしのかけ算自体は随分昔から考えられてきたと思いますよ。たとえば，直角三角形の辺の長さに関して，わたしたちが $a^2 + b^2 = c^2$ と書く**ピタゴラスの定理**は，紀元前6世紀ごろには知られていたわけですしね。

59

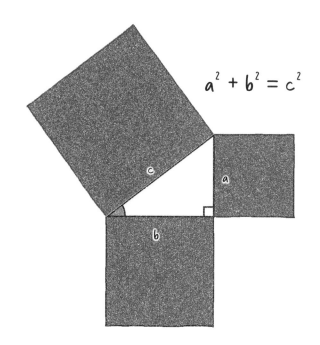

$$a^2 + b^2 = c^2$$

 なるほど。

 でも，右肩にかけ算の回数を記す指数の表記が発明されたのは，けっこう最近なんですよ。

 えっ，いつごろですか？

 17世紀のことです。

400年前かーい！

日本は江戸時代ですね。まあ，数学の歴史を考えると，最近っちゃ最近ですけども。

指数の表記をはじめて使ったのは，哲学者で数学者の**ルネ・デカルト**（1596~1650）だと考えられています。

デカルトって，「**われ思う，ゆえにわれあり**」の。

そうなんです。デカルトは哲学の分野だけでなく，数学の分野でもさまざまな偉大な発明をしているんです。たとえば，先ほど指数関数をグラフにしてあらわしましたが，あのように**数式をグラフとしてえがけるようになったのもデカルトのおかげ**なんですね。

すごい人ですね，デカルトは。

そうなんですよ。それで，指数の話にもどりますが，デカルトは，著書『**幾何学**』の中で「$a \times a \times a$」を「a^3」と簡略化したんです。

さっき教えてもらった指数表記の通りです。これはデカルトの発明だったんですね〜。
それじゃあその前まで，くりかえしのかけ算は全部×であらわしていたんでしょうか？

デカルト以前には，いろんな表記がされていたようですよ。たとえば，オランダの数学者，**シモン・ステヴィン**（1548〜1620）は，現在の$3x^2$を$\overset{②}{3}$とあらわしていました。

また，フランスの数学者，**フランソワ・ヴィエタ**（1540〜1603）は「A^2」を「A quadratus」と表記しました。

デカルトの表記が一番シンプルでわかりやすい！

ルネ・デカルト
（1596~1650）

夢でひらめいた，**ルネ・デカルト**

「われ思う，ゆえにわれあり」の一節で有名な哲学の祖，ルネ・デカルト。デカルトはさまざまな業績を残した，数学者でもありました。

1596年，デカルトはフランスの裕福な貴族の家庭に生まれました。生まれてすぐ母が亡くなり，母方の祖母と乳母に育てられました。子供のころはとても病弱だったそうです。

10歳のころにイエズス会学院に入りました。そこで彼は論理学と数学を学びました。イエズス会学院を卒業後，郷里に近いポワティエの大学で2年間，法律学と医学を学びました。卒業後は，オランダやドイツへ行きました。オランダとドイツでは，デカルトは志願兵として軍隊に所属しました。

夢でひらめいたデカルト

ある夜デカルトは夢を見て，その中で自分の学問の基礎を見いだしたといいます。「座標」を使うことで，数式を図形としてあらわすことができ，逆に図形を数式としてあらわすことができます。すると，図形の問題を数式を使って解く，もしくはその逆が可能になります。これがデカルトの考え出した解析幾何学です。

出版をいやがった

デカルトは1628年からの約20年間をオランダで過ごし，自分の考えをまとめていきました。しかし1632年に地動説をとなえたとしてガリレオが裁判にかけられ，拘束されまし

た。デカルトは地動説を支持する著書を出版しようとしていたため，この事件に大きなショックを受けたそうです。

　出版をいやがるデカルトを友人たちが説得して，1637年，今日『方法序説』としてよく知られる本が出版されます。序説につづく部分で，解析幾何の原理を説明し，光の屈折の法則を見いだして，虹の理論を展開するなどしています。また，「われ思う，ゆえにわれあり」の一節も，この本で登場します。

　デカルトは若いころから朝寝坊で，目覚めてからもベッドで思索にふけりました。1650年，スウェーデンに招かれていたデカルトは，早起きのスウェーデン女王より早朝から暖房のいきとどかない部屋で講義を命じられました。そこでデカルトは風邪を引き，それがもとで帰らぬ人となりました。53歳でした。

2

時間目

指数と表裏一体の
「対数」

STEP 1

身近にあふれる「かけ算の回数」

指数と表裏一体の関係にあるのが対数です。対数は普段あまり聞き慣れない言葉かもしれませんが，実はさまざまな場面で活躍しています。対数とはどういうものなのかを見ていきましょう。

対数って何？

それじゃあ，いよいよ**対数**です！

ドキドキ。
対数ってややこしいんですよね？

一歩ずつ解説していきますから，大丈夫ですよ。
まず，対数は，指数と深い関係があります。
1時間目を思いだしてください。指数は同じ数をくりかえし，かけ算することをあらわすのに便利なものでしたね。

はい！

「かけ算する数（底）」と「かけ算をくりかえす回数（指数）」を指定することで，その結果をあらわせるんでした。たとえば，2を5回かけ算した結果は，指数を使えば，2^5 と簡単にあらわせます。

はい，指数はもう完璧です！

いいですね！
一方，対数は，10を何回かけ算すると1000になるか？
というようなときに，そのかけ算の回数をあらわすため
に使います。
**対数というのは，「かけ算する数（10）」と「かけ算をくり
かえした結果（1000）」がわかっているとき，その「くり
かえしのかけ算の回数（何乗するか）」をあらわすものな
んです。**

ポイント！

対数の考え方

1000は，10を何回くりかえし
かけ算すればいいの？

10を何回かくりかえしかけ算して1000になるとき，そ
のかけ算の回数を「**10を底とする1000の対数**」と
いう言い方をします。

うーん……。

1000は10を3回かけ算したものですから,「**10を底とする1000の対数は,3**」ということになります。

おぼろげにつかめてきました。
「10を何回かくりかえしかけ算すると1000になる。その心は？　ズバリ3でしょう！」　みたいな……。

おあとがよろしいようで。
ともかく,**対数は,くりかえしのかけ算の結果がわかっているときに,何回かけ算をくりかえしたのかをあらわすもの**と覚えておいてください。

指数の考え方

「かけ算する数（底）」と「かけ算をくりかえす回数（指数）」を指定して, その結果の数をあらわす。

例　10を3回かけ算したらいくつになる？
　　→10^3

対数の考え方

結果の数とかけ算する数（底）がわかっているとき, 結果の数にいたるまで何回かけ算をくりかえしたのかをあらわす。

例　1000は, 10を何回かけ算すればいいの？
　　→3回

対数の考え方がおぼろげにつかめたところで，対数が実際にどういう場面で使われているのか，具体例を見てみましょう。
まずは，**星の明るさ**です。

 星の明るさ？

 そうです。夜空に輝く星には，「1等星」「2等星」……と，明るい順に**等級**がつけられているのはご存じですか？

 はい！　小学校で習いました。

 いいですね。この，**星の等級のつけ方は，実は対数にもとづいているんです。**

 ## えっ？
星の等級って，見た目の明るさでつけられているんじゃないんですか？

確かに，昔はそうでした。
紀元前2世紀のころの古代ギリシアでは，トップクラス
の明るさの星を1等星として，肉眼でぎりぎり見える星
を6等星と決めました。そしてその間の明るさの星を，
明るい順に2等星，3等星，4等星，5等星としたんです。

昔は，やっぱり見た目だったんですね。

でも，19世紀になると，ちゃんと星の光の量から等級が
つけられるようになったんです。
19世紀のイギリスの天文学者，**ノーマン・ポグソン**
（1829～1891）が，それぞれの星の光の量を測定した
ところ，1等星は6等星の**約100倍**の光の量であるこ
とを発見したんです。

5段階の等級のちがいで，100倍も光の量がちがうんです
か？ そんなに明るさがちがうようには見えませんけどね。

そうですよね。でも実際の光の量はかなり大きくちがう
んです。そこで，ポグソンの発見を元に，**6等星の光の量
を1とすると，5等星の光の量は約2.5，4等星は約6.3
（2.5^2），3等星は約15.6（2.5^3），2等星は約39（2.5^4），
そして1等星は約100（2.5^5）となるように星の等級が決
められたんです。**

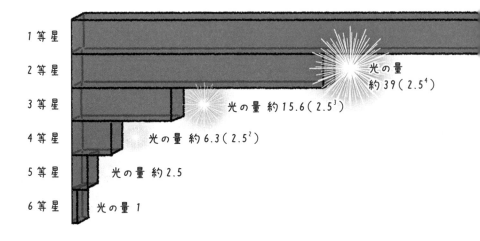

1 等 星	
2 等 星	光の量 約39（2.5⁴）
3 等 星	光の量 約15.6（2.5³）
4 等 星	光の量 約6.3（2.5²）
5 等 星	光の量 約2.5
6 等 星	光の量 1

 つまり，**星の等級は，光の量が「約2.5を何回くりかえし，かけ算しているのか」が元になっているわけです！**

 ## かけ算をくりかえす回数ですね！

 たとえば，ある星の光の量が，基準となる星の250倍だとしますね。
二つの星の等級の差を求めるには，「2.5を何乗すれば，250になるのか」を考えればよいわけです。

 ## なるほど！
まさに対数の考え方！
えーっと……，ちなみに今電卓で計算したら，2.5を6回かけ算したら，約250になります。

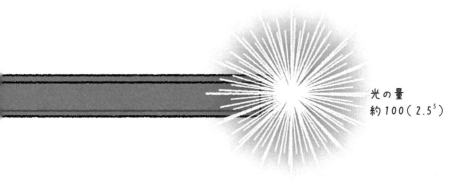

光の量
約100（2.5⁵）

ということは，**2.5を底とする250の対数は，6。つまり，
この星は，基準の星よりも6等級明るいということにな
ります。** このように，星の等級は対数によって決まるわ
けなんです。

実際には，星の等級は少数点以下もつきますし，マイナ
スの等級もありえます。

なるほど。**対数って便利かも！**

自分が使いこなせるかは別として……。

75

対数の考え方が利用されているのは, 星の明るさだけでなく, 身近にもたくさんあります。次に紹介するのは, マグニチュードです。

地震ですか！

はい。マグニチュードは, **地震そのもののエネルギーの大きさ**をあらわす尺度です。よく震度と混同されますけど, ちがうものです。震度は, 実際のゆれの大きさをあらわすもので, 同じ地震でも場所によって変わります。

えと, そのマグニチュードと対数に, どんな関係が？

マグニチュードは, **地震のエネルギーが約32倍になったとき, 値が1大きくなるように決められているんです。つまり, マグニチュードの値が1上がると, 地震のエネルギーは約32倍, 2上がると約1000倍（ $1000 \fallingdotseq 32^2$ ）ものちがいが出ます。**
右のイラストは球の体積と, マグニチュードを対応させてえがいたものです。
M 7.0 と M 9.0 で, 対応する球の体積は大きくちがいますね。図では円の面積に対応しているように見えますが, 面積に対応させてえがくと, M 9.0 の円は紙面に入らなくなっちゃうほど大きくなります。

マグニチュードが2しか変わらなくても，地震のエネルギーは大ちがいなんですね!?

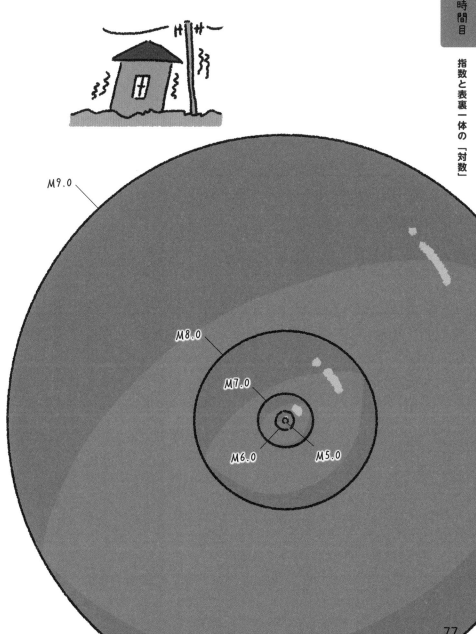

M9.0

M8.0

M7.0

M6.0

M5.0

そうなんです。

つまり，**マグニチュードは，地震のエネルギーが，「約32を何回くりかえしかけ算したものか」という対数の考え方を利用して決められているわけなんです。**

32倍ずつ！

すさまじいですね……。

2011年におきた東北地方太平洋沖地震のマグニチュードは9.0でした。

一般的に，マグニチュード7クラスの地震でもかなりの大地震ですから，2011年の地震がどれほどすごかったかがわかりますね。

エネルギーが1000倍なわけですからね……。

pH7の水道水とpH5の酸性雨, 濃度のちがいは100倍

 次に紹介するのは, 水溶液の酸性やアルカリ性を示すpH です。pH, 知っていますか？

 うーん, 理科の時間に聞いたような気も……。でも忘れ ちゃいました。

 pHは, 0〜14までの値をとって, 0に近づくほど水溶液 の酸性が強く, 14に近いほどアルカリ性が強いことを示 します。そしてpH7が中性です。
たとえば, レモンの果汁は酸性が強く, pHは2〜3くら いです。

pHが低いほど酸性が強いんですね。

そうなんです。
このpHの数値は，水溶液に溶けている**水素イオン**という粒子の濃度によって決まっています。
水素イオンの濃度が高いとpHは低くなり，水溶液は酸性になります。一方，水素イオンの濃度が低いとpHは高くなり，水溶液はアルカリ性になります。

水素イオンの濃度とpHの数値は，逆の関係なんですね。

ええ，そうなりますね。
そして，この**pHの値も対数で決められているんです。**

ほぉ。

たとえば，pH0の水溶液には，1リットルあたり，**1モル**の水素イオンが溶けていることをあらわしています。

モル？

モルは，原子や分子などをあつかうときの数の単位です。
1モルは，**約6.02×10²³個**です。

おっ，さっきやった指数が出てきました。
10^{23}個だなんて，
めちゃくちゃ多いですね！

そうですね。
それからpH1の水溶液には，1リットルあたり0.1モル（10^{-1}）の水素イオンが溶けています。pH2なら0.01モル（10^{-2}）です。そして，アルカリ性の強いpH14の水溶液では，1リットルあたり0.00000000000001モル（10^{-14}）の水素イオンが溶けているんです。

うわっ！
pH0とpH14では，水素イオンの濃度は桁ちがいですね。

そうなんです。その差は14桁もちがいます。
そして，この**pHの値は，「1リットルあたりに溶けている水素イオンの数が10のマイナス何乗モルなのか（$\frac{1}{10}$を何回かけ算したものか）」という対数を元に計算され**ているんです。

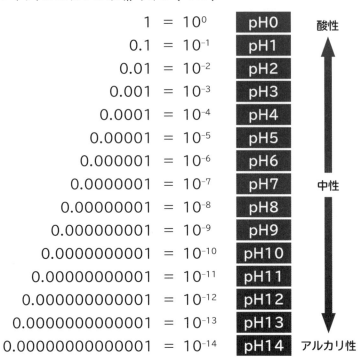

1リットルあたりの水素イオン（モル）

1	=	10^{0}	pH0
0.1	=	10^{-1}	pH1
0.01	=	10^{-2}	pH2
0.001	=	10^{-3}	pH3
0.0001	=	10^{-4}	pH4
0.00001	=	10^{-5}	pH5
0.000001	=	10^{-6}	pH6
0.0000001	=	10^{-7}	pH7
0.00000001	=	10^{-8}	pH8
0.000000001	=	10^{-9}	pH9
0.0000000001	=	10^{-10}	pH10
0.00000000001	=	10^{-11}	pH11
0.000000000001	=	10^{-12}	pH12
0.0000000000001	=	10^{-13}	pH13
0.00000000000001	=	10^{-14}	pH14

酸性

中性

アルカリ性

たとえば，環境問題でよく話題になる**酸性雨**は，pHが5.6以下という目安がよく使われます。一方水道水のpHは7付近です。pH5の酸性雨とpH7の水道水はpHの差は2ですが，水素イオンの濃度では，**100倍（10^2）**もちがう，ということになります。

ひえ～！

音の大きさはかけ算の回数が大事

 それじゃあ最後の例です。次は，**音の大きさ**について考えましょう。突然ですが，音の正体って知っていますか？

 ええっと，**空気の振動**だと教わりました。

 はい，その通りです。
音の正体は空気の振動で，振動が大きいほど，人の耳には大きな音として聞こえます。通常，**空気の振動の強さ（音圧）**をあらわすときには，**パスカル（Pa）**という単位が使われます。

 # ぱすかる？

 ええ。台風のとき，ニュースで「中心の気圧は○○ヘクトパスカル」って言っているのを聞いたことあるでしょう。あれと同じものです。音圧の大きさは普通の会話では10^{-2} Pa。地下鉄のホームは1Pa。ジェット機のエンジン音は10Paくらいです。10Paというのは，普通の会話の10^{-2} Paより1000倍も音圧が大きいことになります。

 # へーっ！　でも，ジェット機のエンジン音は確かに大きいですけど，普通の会話の1000倍といわれると，そこまででもないような……？

そうなんです。感覚的にはそれほど音の大きさに差がなくても，音圧であらわすとものすごい差があるんです。そこで，**デシベル（dB）**という単位を使うと，音圧をより人の感覚に近くなるようにあらわすことができるんです。

人が聞きとれる最小の音（基準）

10^{-5}Pa

0dB

普通の会話

10^{-2}Pa

60dB

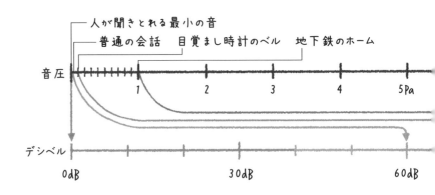

人が聞きとれる最小の音

普通の会話　　目覚まし時計のベル　地下鉄のホーム

音圧

1　　　　2　　　　3　　　　4　　　　5Pa

デシベル

0dB　　　　　　　　30dB　　　　　　　60dB

 でしべる？

ジェット機のエンジンの騒音

10Pa

120dB

目覚まし時計のベル

10⁻¹Pa

80dB

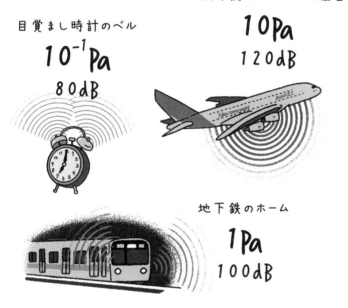

地下鉄のホーム

1Pa

100dB

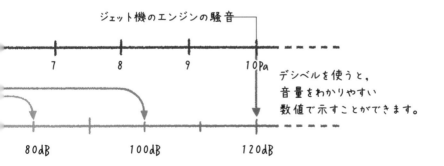

ジェット機のエンジンの騒音

| 7 | 8 | 9 | 10Pa |

デシベルを使うと、
音量をわかりやすい
数値で示すことができます。

| 80dB | 100dB | 120dB |

はい。先ほどのパスカルをデシベルであらわすと，普通の会話であれば約60dB，地下鉄のホームは約100dB，ジェット機のエンジン音は約120dBとあらわせます。だから，デシベル表記だとジェット機のエンジン音は，普通の会話の約2倍ということになります。

ああ，確かに，感覚的にはそっちの方が近いかも。
デシベルってどうやって算出しているんですか？

デシベルは，基準となる音の音圧が10倍になるごとに値が20増えるようになっているんです。つまりここにも，**音圧が「10を何回くりかえしかけ算したものか」という，対数の考え方が利用されているわけなんです。**
10^{-5}Paのとき0dBと決めておいて，音圧が10^{-4}Paのときは20dB，10^{-3}Paのときは40dB，そして10^{-2}Paのときは60dBとなります。

なるほど。身の回りのいろいろなものが，対数の考え方を基準に考えられていることがよくわかりました。
対数，大活躍してますね！

STEP 2
計算をラクにする ために生まれた対数

対数とはかけ算の回数をあらわすものです。ここでは，記号を使った対数のあらわし方や，「対数」と「指数」の"重要な関係性"を見ることで，対数についてより深くせまってみましょう。

対数をあらわす記号「log」

対数の考え方は，なんとなくつかめました。
対数とは，「何回くりかえし，かけ算するのか」，その回数をあらわすんですよね。

ええ，その通りです。
たとえば「2を何回かくりかえしかけ算して8になるときの，かけ算をくりかえす回数」のような感じですね。

しかし**言葉にするとめんどうですね。**
ややこしくてわかりづらい。

そうなんです！　いちいちこんな回りくどいこと書いてられないんです。
だから，ここからは**記号**を使って対数をあらわしましょう！

記号かー。記号が出てくると急にむずかしくなるんだよな……。

まぁまぁ。記号を使うと，対数をあらわすのが
すっごくラクになりますから！

はい。

そこで！ これからは，対数をあらわすときには，logという記号を使いましょう！ **ログ**とよみます。

ろぐ？
あぁ，パソコンで記録をつけるときにログをとるとか，ログインするとかいう，あれですか。

残念。記録や履歴を意味するログは，もともと丸太に由来しているそうですよ。ログハウスのログですね。
一方，対数の記号logは，**logarithm**という，対数を意味する単語からきています。この単語は，**logos**（言葉）と**arithmos**（数）を合わせた造語で，logosには，聖書に書かれているように，「神の言葉」という意味もあります。

神の言葉！！

フフフ。これから対数をあらわすときは,「log」ですよ。

は,はい。どのように使うんですか?

ではさっそく,さきほどの,「2を何回かくりかえしかけ算して8になる」例を,logであらわしてみましょう。
まず,logと書いて,その右下にくりかえしかけ算される数を小さく書きます。今回の場合は2ですね。指数のときにも出てきましたが,この数を底といいます。「テイ」と読んでください。

はい。$\log_2$と。

次に,くりかえしのかけ算によってできる結果の数を底のあとに書きます。今回の場合は8ですね。このような数を真数といいます。これで完成です!

$\log_2 8$と。おお!
これが,「2を何回かくりかえしてかけ算すると8になるとき,そのかけ算の回数」という意味なんですね!

$$\underbrace{\log_{\underset{\text{底}}{\bigcirc}} \boxed{}^{\text{真数}}}_{\text{対数}}$$

対数

ええ。「2を何回かくりかえしかけ算して8になるとき，そのかけ算の回数」という長ったらしい言い回しが，logを使えば，「$\log_2 8$」ととてもシンプルに書きあらわせるでしょ？

はい，**とってもシンプル！**

ちなみに，2を3回くりかえしかけ算すると8になるので，$\log_2 8 = 3$です。

はい。でもこれ，はじめから3って書けばよくないですか？

いやいや，この例は，かけ算の回数が3ってすぐにわかってしまいますけど，たとえば，「2をくりかえしかけ算して5億3687万912になる」だったらどうです？
そのとき，かけ算の回数はすぐに出てこないでしょう？
でも，$\log_2 536870912$ と書けば，それがそのまま，かけ算の回数をあらわすことになるんです。

そういうことなのか……！

それから，くわしくはのちほどお話ししますが，対数の値（かけ算の回数）が整数でない場合もあります。そのようなときでも**logを使えば，一瞬でかけ算の回数を書きあらわせる**んです。

はい。

それでは，logの使い方をちょっと練習してみましょうか。2をくりかえしかけ算して32になるとき，この対数はどのように書けますか？

えーっと……，5です！

せっかくなのでlogを使いましょう。

まずlogと書いてから，かけ算される数を小さく書く。それからかけ算の結果を書く，と。**log₂32 です！**

はい，正解！
このとき，2が底，32が真数ですね。
じゃあ，10をくりかえしかけ算して1000になるときは？

$\log_{10}1000$ でしょうか。

はい，完璧です！
ちなみに，底が10の対数は，**常用対数**とよばれていて，よく利用されます。
じゃあ逆に，$\log_{10}1000$ の値は何になりますか？

えーっと，「10を，何回かくりかえしてかけ算すると，1000になる，その回数は？」ってことですよね。
$\log_{10}1000 = 3$ ですね！

イエス！
ともかく，**log**の右下の小さな数（底）を，何回くりかえし，かけ算したら，その右の数（真数）になるのか，という基本の考え方を忘れないようにすれば大丈夫です。

ここであらためて，**指数と対数の"関係"**について考えてみましょう。

はい。まず，指数と対数は同じで，かけ算の回数だと説明を受けてきました。

その通り。**logであらわされる対数と，指数は，結局は同じ数になります。**

たとえば，2を3回かけ算すると8になるとき，対数を使うと$\log_2 8 = 3$とあらわせますね。

一方，指数を使うと，$2^3 = 8$とあらわすことができます。このときの指数は3で，対数の値と同じ数です。

数は同じだけど，ちがう，と。

そう。そして，そのちがいは，両者を使う場面のちがい，です。

指数の場合，かけ算をくりかえす数（底）とくりかえしの回数がわかっているときに，その**結果**をあらわすために使います。

一方，対数は，かけ算をくりかえす数（底）と，その結果（真数）がわかっているときに，**かけ算の回数**をあらわすために使います。

94

はい。だいぶ飲み込めてきました。それで，指数と対数の関係性とは？

はい。1時間目の最初に言ったこと，覚えているでしょうか。あらためて言いましょう。**指数と対数の関係は，「表裏一体」なんです！**

表裏一体……？

ええ。ここで指数と対数の関係を，式であらわしてみましょう。

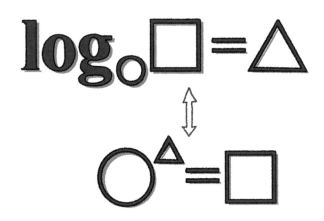

ん？　ええっと，○，△，□……。
両方に○，△，□が共通しているってことまではわかり
ます。

**対数logを使った上の式と，指数を使った下の式は，書
きかえることができるんです。**
具体的な数字を入れて，くらべてみましょうね。

対数と指数の関係

$$\log_2 8 = 3 \leftrightarrow 2^3 = 8$$

$$\log_2 32 = 5 \leftrightarrow 2^5 = 32$$

$$\log_{10} 1000 = 3 \leftrightarrow 10^3 = 1000$$

$$\log_3 81 = 4 \leftrightarrow 3^4 = 81$$

 ほら，左側のlogであらわした対数の値は，右側の式に出てくる指数の値と同じでしょう？

 たしかに！
同じ数だけどちがう，でも裏表の関係にある……。なにか，とんでもない（むずかしい）香りがプンプンします。

天文学者と船乗りを救った対数

 logのことがだんだんわかってきました。
でも，そもそもなぜ，こんな対数なんていう考え方が生まれてきたんでしょうか？

 ふふふ，なぜ対数が生まれたのか。それは……実は……
複雑な計算をラクにしたかったからなんですよ。

 # 計算をラクにしたかった!?
理由は意外と単純なのね。

 対数は1594年ごろにスコットランドの数学者，**ジョン・ネイピア**によって考え出されたといわれています。

ジョン・ネイピア
（1550~1617）

当時はいわゆる**大航海時代**でした。海上での船の位置を割り出すためには，天体観測を元に，**複雑で膨大な計算**を行う必要がありました。

また，ちょうど**天動説**から**地動説**への転換がおきていた時代でもあり，惑星の軌道計算などでも，やはり，複雑な計算が必要だったんです。

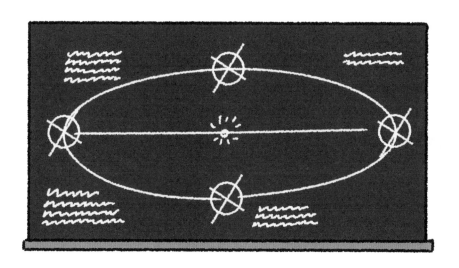

GPSやレーダーなんてなかった時代に，計算で船の位置を割り出していたなんて。すごいですね。

 自分たちの位置を割り出せないと，目的地にたどり着けず，大海原で遭難してしまいますからね。

 電卓もないわけですから，すべて手で計算するわけですよね。大航海時代に生まれなくてよかった〜。

 まぁそんな状況でしたから，少しでもラクに計算をしたいという，時代の要請があったわけです。
そこで，**計算をラクに行うための秘密の道具として，ネイピアが考案したのが対数だったんです。**

 対数をどう使うと，計算がラクになるんでしょうか？

 くわしくは4時間目にやりますが，対数の性質をうまく使うと，**複雑なかけ算を，簡単な足し算に変換することができるんです。**

 # 複雑なかけ算が簡単な足し算に？

桁数が多いかけ算なんて，めっちゃ大変です。
対数が発明されるまで，膨大な時間がかかっていた計算も，対数の発明によって，ラクに行うことができるようになりました。
たくさんの計算をこなせるようになったので，**ネイピアは天文学者の寿命を2倍にした**，とまでいわれています。

 # ネイピアさん，神！

 対数を logarithm と名づけたのもネイピアなんですよ。

対数って，ドラえもんのひみつ道具並みにすごいものなんですね！
なんだか対数に興味がわいてきた！

 それでは，対数について，どんどん考えていきましょう！

 よ，よろしくお願いします。

 1時間目では，指数を使った関係式「$y = a^x$」を指数関数といい，**指数関数**をグラフにして，値の変化のしかたを見ましたね。

 はい。

 同じように，**logを使った等式「$y = \log_a x$」を対数関数といいます。** ここでは，**対数関数**をグラフにして，その値の変化のしかたを見てみましょう。
まず，この等式の，a が2のときの $y = \log_2 x$ のグラフを見てください。

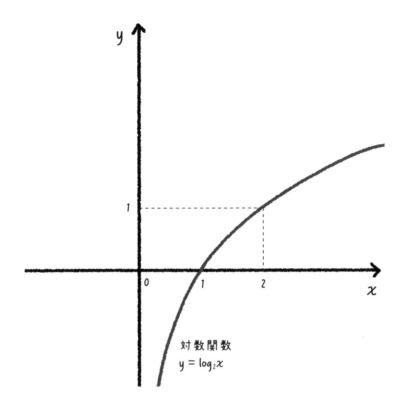

対数関数
$y = \log_2 x$

 たとえば，$y = \log_2 x$ の x が2のとき，2をくりかえしかけ算する回数は1回なので，$y = 1$ です。グラフはちゃんと（2，1）の点を通っていますね。

以下，a は1より大きい数としましょう。

はい。グラフは，はじめはけっこう急に上昇しています
けど，xが大きくなるとグラフはだんだん平らになるんで
すね。
あれ……**なんだか指数関数のグラフと反対ですね。**
あのときは，xが大きくなると，グラフは急激に上昇して
いましたから。

いいところに気づきましたね！
実は対数関数のグラフと指数関数のグラフはおもしろい
関係にあるんですよ。

おもしろい関係？

ええ，ここで，指数関数$y = 2^x$と対数関数$y = \log_2 x$のグ
ラフをくらべてみましょう。

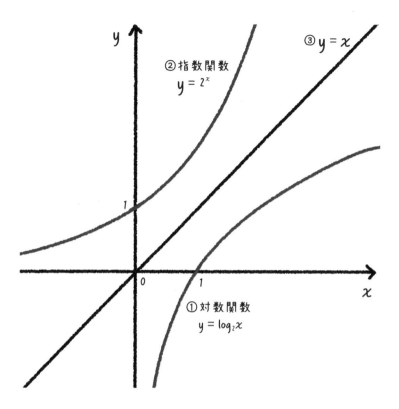

 やっぱり指数関数は，対数関数とは逆でxの値が大きくなるにしたがって，yの値の増加幅が大きくなっています。

 そうですね。ここで$y=x$の直線（③）に注目してください。
$y=2^x$と$y=\log_2 x$がちょうど$y=x$を境に鏡映しのようになっているのがわかりますか。

あーっ！
$y = x$ の直線で折り曲げると，二つのグラフは重なりそうです。

そうなんです。**指数関数と対数関数は，$y = x$ のグラフをはさんで線対称になるんです。**

不思議すぎる！
なんでですか？

少しむずかしいかもしれませんが，簡単に言うと，指数関数と対数関数は，y と x を入れかえた関係にあるからです。

ん？　すみません，ついていけていません。

まず，指数関数 $y = a^x$ を考えます。この関数の y と x を入れかえると，$x = a^y$ と書けますよね。

ええ，x と y を単純に入れかえて書いただけですから。

ではこの $x = a^y$ を，$y =$ の形に書き直すとどうなるでしょうか？

えっ!? $x = a^y$ を $y =$ に書き直す?

ほら，対数の考え方で。ヒントは97ページです。

えっと，97ページの関係の通りに直すと……，
$y = \log_a x$ でしょうか?

正解!

あっ!
対数関数の式になった!

そうなんです。このように，**指数関数と対数関数は，x と y を入れかえた関係なんです。このような関係にある関数のことを「逆関数」といいます。**指数関数と対数関数のペアに限らず，**y と x を入れかえた関係にある逆関数のグラフは，いつも $y = x$ を軸にして線対称になるんですよ。**

指数と対数は裏表の関係，指数関数と対数関数のグラフは線対称の関係。深すぎる……。

ここからは，**対数を利用した便利な道具**について紹介します。1時間目のSTEP2で見た，細菌の増殖のグラフを思い出してみてください。細菌は，時間が経つと急激に増殖していきましたね。

 はい。指数関数のグラフでしたよね。

 ええ，細菌の増殖は$y = 2^x$とあらわすことができるんでした。

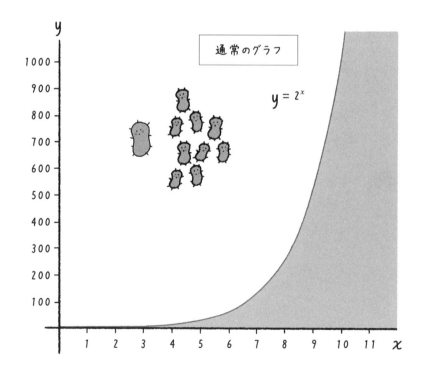

108

でも，細菌があまりに急激に増えるので，このグラフでは時間があまり経っていないときに細菌の数がどうなっているのか，よくわかりませんよね。

はい。3分くらいまでは，グラフがつぶれていて，まったく数の変化がわかりません。

ですよね。こんなときにすごーく便利な魔法の道具があるんです！

魔法の道具？

普通のグラフでは見えない細菌の数の変化が見える，**対数グラフ**です！

対数グラフ？　ええと，それは何ですか？

対数グラフとは，横軸や縦軸に対数目盛りを使ったグラフのことです。理系の大学生はよく使うんですけど，文系の学生はほとんどなじみがないかもしれませんね。

ええ，見たことないですし，対数グラフも対数目盛りもまったく意味不明なんですけど。

では，まずは実際に細菌の増殖を対数グラフでえがいたものを見てみましょう。

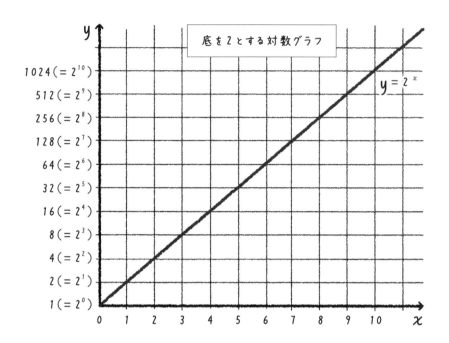

お，グラフが直線になりました。

これならxが小さいときの細菌の増殖のしかたもはっきりわかりそうです。

それにしても，対数グラフは，普通のグラフとどこがちがうんでしょうか？

ポイントは**縦軸**ですよ。

あっ！　縦軸には，2，4，8……が等間隔に並んでいますね。512と1024の間隔も2と4の間隔とかと同じだ。大きさが全然ちがうのに，ちょっとおかしくないですか？

ふふふ。いいんです。
なぜなら，**縦軸には，2を底とする対数を目盛りにとっているからです！**

目盛りが対数〜⁉

たとえば縦軸の2の値は，$\log_2 2 = 1$なので，
一つ目の目盛りにきます。8の値は，$\log_2 8 = 3$なので，
三つ目の目盛りにくるという具合です。1024であれば，
$\log_2 1024 = 10$なので，10番目の目盛りにきます。
これが**対数目盛り**です。そしてこの**対数目盛りを使ったグラフこそ，対数グラフなのです！**
この対数グラフでは，細菌の数（yの値）は$\log_2 y$の目盛
上にくることになります。

縦軸は，1目盛りごとに2倍になっていっているんですね。理系の学生はこんな難解なグラフを使いこなしているのか～！

そうなんです。対数グラフの縦軸は，1目盛りごとに1（2^0），2（2^1），4（2^2），8（2^3）という具合に，一定の倍率で増えていくんです。

なんだか，普通のグラフと全然ちがうんですね。

指数関数のように，値が大幅に変化するものの場合は，対数グラフを使うと，普通のグラフでは見えない変化や関係性を読みとることができるようになるんですよ。

株価の変化を対数目盛りで見てみよう！

もう一つ，対数グラフを使った例を見てみましょう。

はい，お願いします。

次に紹介するのは，**ダウ平均株価**の変化です。
ダウ平均株価は，アメリカの30銘柄の平均の株価です。
アメリカの代表的な株価指数で，その時代の経済状況を反映しています。
過去120年間のダウ平均株価の変化を普通のグラフでえがいたものが，次のグラフです。

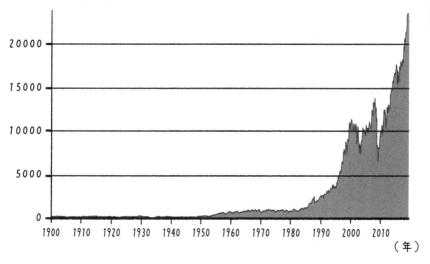

普通のグラフでえがいたダウ平均株価の推移

ダウ平均株価（ドル）

20000

15000

10000

5000

0

1900 1910 1920 1930 1940 1950 1960 1970 1980 1990 2000 2010

（年）

1990年以降，株価は急激に上昇していますね。
あ，でも2010年ごろにちょっと落ち込んでます。

ええ，これは**リーマンショック**の影響です。

なるほど～。
ただ，最近の株価の変化はよくわかりますけど，1990年
以前の株価の変化は，よくわかりませんね。

ええ，過去の株価の値は，現在にくらべてとても小さいので，変化が埋もれてしまっているんです。

 あ，これさっきの細菌の話と似ている気がします。

 そうなんです！
というわけで先ほどと同じように対数グラフを使ってダウ平均株価の推移をえがいてみましょう。

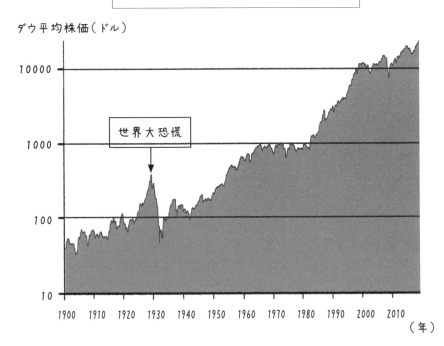

片対数グラフでえがいたダウ平均株価の推移

ダウ平均株価（ドル）

世界大恐慌

114

今度は，縦軸の値が1目盛りごとに10倍になる対数目盛りを使っています。
このような10倍ずつになる対数目盛りが一般的によく使われます。

お〜,
古い時代の株価の変化がはっきりとわかります。

ええ，たとえば，1929年にはじまった世界大恐慌で株価が大きく暴落していたこともわかりますよね。

さっきの普通のグラフでは，株価が上がっているのか下がっているのかさえわからなかったのに。すごい！

このような対数グラフでは，10から100への10倍の変化と，1000から10000への10倍の変化が同じ幅であらわされるため，**絶対的な大きさに関係なく，相対的な変化が見えやすくなるんです。**

桁が大きく変化するようなものをグラフにするときに対数グラフを使うと便利なんですね。

 ええ，その通りです！
ちなみに，ここまで紹介してきたような対数グラフは，縦軸だけに対数目盛りをとっているので，とくに**片対数グラフ**といいます。
一方，この本では紹介しませんが，縦軸と横軸の両方に対数目盛りをとったグラフもあります。そのようなグラフは**両対数グラフ**といいます。

対数の発明者，ジョン・ネイピア

　対数の発明者として知られるジョン・ネイピアは，1550年にスコットランド（イギリス）で生まれました。代々この地を治める貴族の家系で，エディンバラの南西にあるマーチストン城で幼少期を過ごしました。

城主として土地の管理に精を出す

　ネイピアは，1563年に聖アンドリューズ大学に入学します。しかし在籍期間は短く，学位を得ることなく退学したようです。その後，ヨーロッパ大陸で遊学し，21歳までにスコットランドにもどってきました。それからは，父から土地を譲り受け，ガートネス城に居を構えます。1608年に父親がなくなってからは，マーチストン城主となりました。

　ネイピアは自分の土地や農作物の管理の仕事に熱心に取り組んでいたようです。水を汲みあげる揚水機や，新しい肥料の開発などを行っています。

　また，スペインの無敵艦隊の侵攻を恐れたネイピアは，自国を守るために，艦隊を焼き払うため巨大な反射鏡などの武器の研究にも取り組みました。周囲から孤立して発明や研究に没頭する姿から，ネイピアは黒魔術の使い手と見られることもあったようです。

　ネイピアは熱心なプロテスタントでもありました。1593年に，カトリックを批判した著書『A Plaine Discovery of the Whole Revelation of St. John』（聖ヨハネの黙示録全体に関する明瞭な発見）を出版します。これはプロテスタン

118

ト諸国で広く読まれました。

対数と小数点を世の中に広めた

　ネイピアが対数の研究をはじめたのは1594年ごろだといわれています。それからおよそ20年の歳月をかけ，1614年，ついに対数表を完成させ『Mirifici logarithmorum canonis descriptio』（対数の驚くべき規則の記述）で発表します。ネイピアが亡くなる3年前のことでした。

　さらに，死後，息子のロバート・ネイピアによって，遺稿『Mirifici logarithmorum canonis constructio』（対数の驚くべき規則の構成）が出版されました。この本の中では，小数をあらわすために小数点が用いられており，対数とともに世の中に広まりました。

3

時間目

もっと
指数と対数に
くわしくなる！

STEP 1

指数の計算をマスターしよう！

いよいよ指数や対数の計算の方法を見ていきます。まずは指数の計算法則を説明します。三つの指数法則をマスターすれば，さまざまな指数の計算を行うことができるようになります。

指数の法則 ① ── 累乗のかけ算は，足し算で計算

ここからは，対数によって計算を簡略化できる理由について，その核心に迫っていきます。
そのために，指数と対数がもつ重要な計算の法則について，じっくりと見ていきましょう。

むずかしそう。
ついていけるかなぁ……。

それほど複雑なものではありませんから，きっと大丈夫です！　がんばりましょう！

はい，お願いします。

3時間目では，指数の計算の法則を三つ，対数の計算の法則を三つ，紹介していきます。
指数と対数のそれぞれの最後には，簡単な計算問題を用意しているので，ぜひ挑戦してみてください。

それでは，まずは，**指数法則**です。**ここで紹介する三つの法則を習得すれば，指数の計算をバリバリできるようになりますよ！**

がんばります！

まずは一つ目の指数法則です。
ここでは，$2^2 \times 2^3$ のようなかけ算を考えてみます。

どちらの2にも指数がついているんですね。

はい。これを指数を使わずに書くと，どうなりますか？

えーっと，
$(2 \times 2) \times (2 \times 2 \times 2)$ になると思います！

正解です！　では全体で見ると，2を何回くりかえしかけ算していることになりますか？

いち，にい，さん，よん，5回ですね。

ええ，そうですね。**$2^2 \times 2^3$ は，2を2回＋3回くりかえしかけ算することになります。**
つまり，$2^2 \times 2^3 = 2^{2+3} = 2^5$ です。

おぉ，指数を足し合わせた！

そうなんです。同じように，たとえば，
$5^3 \times 5^4 = (5 \times 5 \times 5) \times (5 \times 5 \times 5 \times 5)$
$= 5^{3+4} = 5^7$　となります。

かけ算は，指数部分だけ足し算に なるんですね！

ええ，そういうことです。
ここで，文字を使ってこのことを確かめておきましょう。

$a^m \times a^n$ について考える。
$a^m \times a^n$ を，指数を使わない形で表現すると

$$a^m \times a^n = \underbrace{(a \times a \times \cdots \times a)}_{a \text{を} m \text{回かけ算}} \times \underbrace{(a \times a \times \cdots \times a)}_{a \text{を} n \text{回かけ算}}$$

a をくりかえしかけ算する回数は，$m+n$ 回
したがって，

$$a^m \times a^n = a^{m+n}$$

a はプラスの数としますが，特に $a = 1$ だと，計算しても1しか出てこないので，これからはいつも a は1でないプラスの数とします。

というわけで，これが，**一つ目の指数法則です！**

指数法則①

$$a^m \times a^n = a^{m+n}$$

文字にすると，少しややこしいですね……。

もし忘れたら，$2^2 \times 2^3 = 2^{2+3} = 2^5$ のように，具体的な数で思い出したらいいかもしれませんね。

なお，**$2^2 \times 5^3$ のように，くりかえしかけ算する数（底）がことなる場合，この法則は使えませんので，要注意です！**

はい！

では，次は二つ目の指数法則です。
ここで考えるのは，$(2^3)^4$ のような，かっこの中と外についた指数です。

うっひゃ～。

そもそもこの式の意味がわかりません。

これは 2^3 を 4 回くりかえしかけ算する，という式ですね。

なるほど。

式にすると，$(2^3)^4 = 2^3 \times 2^3 \times 2^3 \times 2^3$ です。

ふむふむ。

これをさらに分解すると，
$(2 \times 2 \times 2) \times (2 \times 2 \times 2) \times (2 \times 2 \times 2) \times (2 \times 2 \times 2)$
となります。

ぜんぶかけ算の式になおしたんですね。

はい。じゃあ，この式では2を何回かけているでしょうか？

えっと，2のかけ算が3回，それが4セットなので，3×4で12。2が12回かけ算されています。

はい，完璧です！
つまり $(2^3)^4 = 2^{3 \times 4} = 2^{12}$ となるんです。

ほぅ，
かっこの中と外の指数はかけ算に！

ええ，その通りです。
同じように，たとえば $(5^2)^3$ だと，
$(5 \times 5) \times (5 \times 5) \times (5 \times 5) = 5^{2 \times 3} = 5^6$
となります。

なるほど〜。

では，先ほどと同じように，文字式で確かめておきましょう。

$(a^m)^n$について考える。

$(a^m)^n$を,指数を使わない形で表現すると

$$(a^m)^n = \underbrace{(a \times a \times \cdots \times a)}_{a を m 回かけ算} \times \underbrace{(a \times a \times \cdots \times a)}_{a を m 回かけ算} \times \cdots$$

$$\times \underbrace{(a \times a \times \cdots \times a)}_{a を m 回かけ算}$$

（aをm回かけ算）をn回かけ算

aをくりかえしかけ算する回数は,　$m \times n$ 回

したがって,

$$(a^m)^n = a^{m \times n}$$

 はい, ということで, これが**二つ目の指数法則**です。

指数法則②

$$(a^m)^n = a^{m \times n}$$

ふむふむ。
ここまではなんとか大丈夫です。

指数の法則 ③── かっこの指数は,中身の全部につける

それでは, この本で紹介する最後の指数法則です。
ここでは, $(2 \times 3)^4$ のような計算を考えてみます。

これは, 2×3を4回くりかえしかけ算する,
という意味ですね!

はい, その通りです! 式であらわすと,
$$(2 \times 3)^4 = (2 \times 3) \times (2 \times 3) \times (2 \times 3)$$
$$\times (2 \times 3)$$
のことです。

はい。

さらに, 同じ数をまとめると, 次のようになります。
$$(2 \times 3)^4 = (2 \times 2 \times 2 \times 2) \times (3 \times 3 \times 3 \times 3)$$

2も3も4回ずつくりかえしかけ算することになるわけで
すね。

そうなんです。（2×3）についていた指数の4は，2と3の両方にかかって，

$(2 \times 3)^4 = 2^4 \times 3^4$ となるんです。

なるほどぉ。

同じように $(5 \times 7)^3$ であれば，

$(5 \times 7) \times (5 \times 7) \times (5 \times 7) = 5^3 \times 7^3$

となります。

かっこ外の指数は，かっこ内のかけ算の，両方の数に つくわけですね。

ええ，そうなんです。
じゃあこれも文字式で確認しておきましょう。

$(a \times b)^m$ について考える。

$(a \times b)^m$ は，$(a \times b)$ を m 回くりかえしかけ算する
という意味なので，

$$(a \times b)^m = \underbrace{(a \times b) \times (a \times b) \times \cdots \times (a \times b)}_{a \times b を m 回かけ算}$$

$$= \underbrace{(a \times a \times \cdots \times a)}_{a を m 回かけ算} \times \underbrace{(b \times b \times \cdots \times b)}_{b を m 回かけ算}$$

a をかけ算する回数は m 回，
b をかけ算する回数も m 回なので，

$$(a \times b)^m = a^m \times b^m$$

 はい，これが **三つ目の指数法則** です。

指数法則③

$$(a \times b)^m = a^m \times b^m$$

この三つで紹介する指数法則はすべてです。

これらは指数の計算で役立つのはもちろんのこと，あとで紹介する対数の法則をみちびきだすためにも必要になるので，ぜひ覚えておいてください！

忘れたら，
またこのページにもどってきます！

STEP 2

いろんな指数を考えよう！

指数の法則を使えば，さまざまな指数について考えることができます。指数が 0 のときは？　指数が分数のときは？
正の整数以外の指数がつくとどうなるのかを見ていきましょう。

0の指数って何？

指数の計算問題に挑戦する前に，ここであらためて説明しておきたいことがあります。

ドキ。な，なんでしょう？

今まで，2^3 とか 5^5 とか，指数の部分には，たいてい正の整数がきましたよね。でも，**STEP1で紹介した「指数の法則」を使えば，もっといろいろな数を指数に使うことができるんです。**

いろんな数？

ええ。10^0 とか，$5^{\frac{1}{2}}$ とか，7^{-4} なんかも。
指数には，いろいろな数を使えるんですよ。

10^0 ?

それって，かけ算してない，ってことじゃないですか？
$\frac{1}{2}$ 乗とか，マイナスとか？　もう意味不明です！
指数ってかけ算の回数なんですよね？

ふふふ，じゃあ，まずは**指数に0がくる場合**を考えて
みましょう。たとえば，10^0。この指数について考えて
みてください。

えっ!?　10を0回かけ算なんだから……かけ算しないん
だから，10^0 は0じゃないんですか？

残念，ところがちがうんです。
0の指数について考えるには，
指数法則① $a^{m+n} = a^m \times a^n$ を使うといいですよ。

えっ，いきなり。

どうやって使うんでしょうか？

この式の m を0で考えてみるんです！

指数法則①より

$$a^{m+n} = a^m \times a^n$$

$m = 0$ を代入してみる

$$a^{0+n} = a^0 \times a^n$$

左辺 $= a^{0+n} = a^n$ なので

$$a^n = a^0 \times a^n$$

$a \neq 0$ のときにこの式が成り立つためには，$a^0 = 1$ でない
といけないことがわかりますよね。

$a^0 = 1$ と約束すると，指数法則①とうまく関係がつくん
です。

ポイント！

$$a^0 = 1$$

えっ！

 aには**0**以外のどんな数でも入れることができるので，3^0だって10^0だって，152304^0だって，すべて**1**になるんです！

 0の指数がつくと，底に関係なく，ぜんぶ1になる！
不思議ですね……。

 ここで，指数関数のグラフを見ておきましょう。

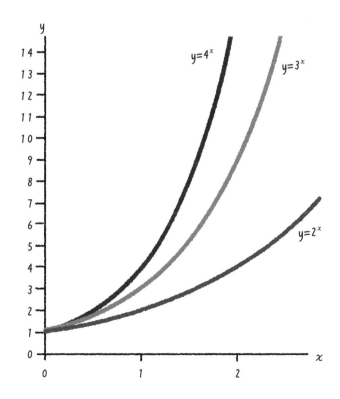

a^0 はいつも **1**になるので，$y=a^x$ と書けるどの指数関数のグラフも $x=0$，$y=1$ の点を通るんです。

なるほど〜。

マイナスの指数を考えよう！

1時間目でも少し触れましたけど，次は**マイナスの指数**を考えてみますね。たとえば 2^{-3} とか。

2をマイナス3回かけ算するなんて，よく考えると，どういうことなのか，全然わかんないですね。
マイナスの指数がつくとどうなるんだったかな……。

マイナスの指数を考えるときも，
指数法則① $a^{m+n}=a^m \times a^n$ が活躍するんです！

大活躍ですね，指数法則①！
今度はどのように使うんでしょうか？

①の m を，$-n$ にしてみてください。ここで n は正の整数です。

m を $-n$ にする？
そんなことしちゃっていいんですか？

式の中の文字には，どんな数や文字を当てはめてもいいとしましょう。

結構自由なんですね！

指数法則①より
$$a^{m+n} = a^m \times a^n$$

$m = -n$ を代入してみる
$$a^{-n+n} = a^{-n} \times a^n$$

左辺 $= a^{-n+n} = a^0 = 1$ なので，
$$1 = a^{-n} \times a^n$$

はい，この式が成り立つためには，$a^{-n} = \dfrac{1}{a^n}$ でないといけないことがわかりますね。

というわけで，**指数にマイナスがついたものは，分数になるんです。**

ポイント！

$$a^{-n} = \frac{1}{a^n}$$

2^{-3} であれば $\dfrac{1}{2^3}$ ，5^{-4} であれば $\dfrac{1}{5^4}$ になります。

1時間目では，原子核の大きさ $\left(\dfrac{1}{10}\right)^{15}$ を 10^{-15} と表現しましたよね。

そうでした！

分数についた指数は，マイナスの指数でもあらわせる，って！

それです！

とにかく**指数にマイナスがつくと，分数になります。また逆に分数は，マイナスの指数であらわすことができるんです。**

ここで指数関数 $y = 2^x$ のグラフを x がマイナスの領域まで見てみましょう。

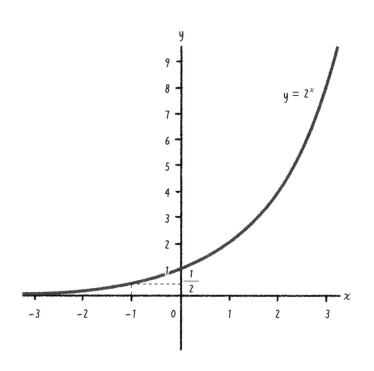

xがマイナスの向きに大きくなると，yの値はどんどん小さくなって0に近づくんですね。

その通りです。
ただしyが0より小さくなることはないんですよ。

分数の指数を考えよう！

それじゃあ最後です。ここでは**分数の指数**を考えてみましょう。ここは少し発展的なので，ざっと読み流すだけでも大丈夫ですよ。

がんばります！

分数の指数は，たとえば$2^{\frac{1}{3}}$とか，$5^{\frac{3}{2}}$とかです。

そんなのも指数になるんですね。

そうなんですよ。
おもしろいでしょう？

いったいどうなるんでしょうか？

 まず，$2^{\frac{1}{3}}$ のような，分子が1の指数を考えてみましょう。
ここで役立つのは，
指数法則② $(a^m)^n = a^{m \times n}$ です。

 今度は指数法則②なんですね。
どうすればいいんでしょうか？

 ②の m に $\frac{1}{n}$ を当てはめるんです
ここで n は自然数とします。

$$(a^m)^n = a^{m \times n}$$

$m = \dfrac{1}{n}$ を代入

$$\left(a^{\frac{1}{n}}\right)^n = a^{\frac{n}{n}}$$

右辺 $a^{\frac{n}{n}} = a^1 = a$ なので，

$$\left(a^{\frac{1}{n}}\right)^n = a \quad \cdots\cdots ①$$

はい，というわけで，$a^{\frac{1}{n}}$は，n乗するとaになる
としておくと，指数法則②が成り立つんです。

ん？
すみません，ついていけてないです。

たしかに，このままじゃややこしいので，たとえば，
$n＝2$だとしますね。
すると先ほどの式は，$(a^{\frac{1}{2}})^2＝a$となります。
ここから，$a^{\frac{1}{2}}$がどうなるかわかりませんか？

わかりません！

うーん，**ルートの計算**って覚えていませんか？

もう記憶があいまいです。

たとえば，ルートを使うと，2乗すると2になるプラスの
数は，$\sqrt{2}$ってあらわせるんですよね。つまり$\sqrt{2}^2＝2$で
す。

あ，思い出しました！

ですので，先ほどの $(a^{\frac{1}{2}})^2 = a$ について考えると，
$a^{\frac{1}{2}}$ は 2 乗すると a になるわけですから，
$a^{\frac{1}{2}} = \sqrt{a}$ なわけです。
なお，ここでは指数を考えて出てくる $a^{\frac{1}{2}}$ などの数はいつ
もプラスの範囲で考えています。

なるほど！
指数が $\frac{1}{2}$ のときは
ルートがつくんですね！

その通りです！
$3^{\frac{1}{2}} = \sqrt{3}$，$10^{\frac{1}{2}} = \sqrt{10}$ といった具合です。

ふむふむ。
じゃあ，指数が $\frac{1}{3}$ とか $\frac{1}{4}$ とかのときはどうなるんでしょうか？

先ほど $\sqrt{2}$ は，2 乗すると 2 になる数と説明しました。
じつは，**ルートには進化版があるんです。**

進化版？

ええ，たとえば，$\sqrt[3]{2}$というものがあります。
これは**3乗すると2になる数をあらわしています。**

えっ，初耳です！

つまり$\sqrt[3]{2}^3 = 2$です。

じゃあもしかすると，$\sqrt[4]{2}$とか$\sqrt[5]{2}$とかもあるんですか？

お，いい勘してますね！
その通りなんです。$\sqrt[4]{2}$は4乗すると2になるプラスの数
をあらわしています。$\sqrt[4]{2}^4 = 2$。
$\sqrt[5]{2}$は5乗すると2になる数です。$\sqrt[5]{2}^5 = 2$。

ふむふむ。
$\sqrt{}$にこんな進化形があったなんて知りませんでした。

ちなみに**普通の$\sqrt{2}$なんかも，$\sqrt[2]{2}$と書くこともあります。**
この二つは同じものなんですよ。

わかりました。それで，これが分数の指数とどう関係するんでしょう？

 さきほど
$(a^{\frac{1}{n}})^n = a$ ……① という式がありましたよね。
143ページです。

 あぁ，$a^{\frac{1}{n}}$ を n 乗すると a になるというものですね。

 はい。
これ，今見たルートの話
そのまんまじゃないですか？

 ## ん？

 つまり，$a^{\frac{1}{n}} = \sqrt[n]{a}$ になる，ということです。

 あぁ，なるほど。
じゃあたとえば，$3^{\frac{1}{4}}$ だと $\sqrt[4]{3}$ 。$10^{\frac{1}{5}}$ だと $\sqrt[5]{10}$ ということですね。

 はい，その通りです！

$$a^{\frac{1}{n}} = \sqrt[n]{a}$$

 ところで，もし指数の分子が1じゃなかったらどうなるんですか？ $3^{\frac{5}{4}}$ みたいな。

 これは単純に $(3^{\frac{1}{4}})^5$ と考えればいいわけですよ。
$3^{\frac{1}{4}} = \sqrt[4]{3}$ なので，$(3^{\frac{1}{4}})^5 = \sqrt[4]{3}^5$ です。

 # ひえ〜っ！

 一般式で書くと $a^{\frac{m}{n}} = \sqrt[n]{a}^m$ になります
a は1でない正の数としています。

ポイント！

$$a^{\frac{m}{n}} = \sqrt[n]{a}^m$$

とにかく，これだけいろいろな指数をあつかえる，ということなんです。

くわしくは説明しませんが，こうしておくと指数法則①②③はプラスの数 a と勝手な実数 p, q についても次のように成り立つんです。この本では指数が有理数のときしか具体的に考えませんが。

指 数 法 則

① $a^p \times a^q = a^{p+q}$

② $(a^p)^q = a^{p \times q}$

③ $(a \times b)^p = a^p \times b^p$

ただし，$a, b > 0$ で，p, q は実数

これで私はもう，指数マスター！

いや，まだまだ道半ばです。

それじゃあ指数の総まとめとして，指数法則を使った問題に挑戦してみましょう！

 で，できるでしょうか？

 それほどむずかしくないですから，大丈夫ですよ！ではいきます。

問 題

　ある日，目がさめると，大好きなお饅頭を増やす魔法が使えるようになっていました。

　その魔法は2種類あります。1回使うとお饅頭を2倍にできて5回まで使えるものと，1回使うとお饅頭を4倍にできて3回まで使えるものです。さて，どちらの魔法を使うとより多くのお饅頭を食べられるでしょうか？

 魔法って……。 なんですかこの問題。

 まぁまぁ考えてみてくださいよ。

 うーん，2倍にする魔法を5回使えば，お饅頭の数は2^5倍になりそうな気がします。4倍にする魔法3回なら4^3倍ですね。

 ええ，その通りです。

 でも，2^5と4^3，どっちの方が大きいんでしょうか。
面倒ですけど，一つずつ計算するか……。
$2^1 = 2$，$2^2 = 2 \times 2 = 4$，$2^3 = 4 \times 2 = 8$，……。

 いやいや，それでもいいんですけど，せっかく指数の問題なので，指数をうまく使ってみましょう。
というわけで大ヒント，**4倍の魔法の4を2^2って考えてください！**

151

えっと, そしたら, 4倍の魔法を3回使った場合,
$4^3 = (2^2)^3$ となるわけですね。
それで……?

ここで指数法則が活躍するんです!

$(2^2)^3$。この形どこかで見たなぁ……。
あ, 指数法則② $(a^m)^n = a^{m \times n}$ と同じ形になって
ます。
これを使うと, $(2^2)^3 = 2^6$ です!

完璧です!

そうか, **2倍の魔法5回の2^5倍と, 4倍の魔法3回の2^6倍**
では, 2^6倍の方が大きいことが一目瞭然ですね!
はい! ぼくは4倍の魔法3回を選びます!

エクセレント!!

ふふっ! よゆーです!

じゃあもう一題。

えっ!? いやいやもういいですよ。

　1時間に1回分裂して2倍に増える細菌が1個います。12時間後には細菌はおよそ何個になっているでしょうか？
$2^{10} ≒ 1000$ として、
おおよその数を計算してみましょう。

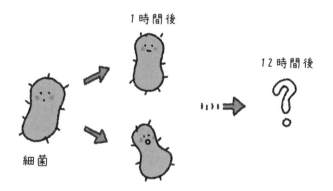

1時間後

12時間後

細菌

2^{10} って計算すると1024で，だいたい1000なんです。これは概算するときにいろいろ役に立つんですよ。 今回はそれをうまく利用する問題ですね。

 んーっと……。1時間で2個，2時間で$2 \times 2 = 2^2$個，3時間で$2 \times 2 \times 2 = 2^3$個……。ということは，12時間後には$2^{12}$個になっているってことですね！

答えは2^{12}です！

 今回は，2^{12}がどれくらいの数かというのが問題の主旨なんです。ですから，この数を計算してください。

 2を12回かけ算すればいいんですよね？

 せっかく $2^{10} \fallingdotseq 1000$ ってわかっていますから，これを使いましょう。

 でも，2^{10}なんて，どうやって使えばいいんですか？

 ここで，
指数法則① $a^{m+n} = a^m \times a^n$ を使うんです。
これを使って，2^{12}を2^{10}を使ってあらわすのがこの問題のポイント！

えーっと……，2^{12} ですよね。
あっそうか！ 2^{2+10} とすれば，指数法則①から
$2^2 \times 2^{10}$ となります！
2^{10} が出てきました。

その通りです！ じゃあ12時間後の細菌はおおよそ何個ですか？

$2^2 = 4$，$2^{10} \fallingdotseq 1000$ なので，$2^{12} \fallingdotseq 4 \times 1000 = 4000$。
12時間後の細菌の数は**およそ4000**です！

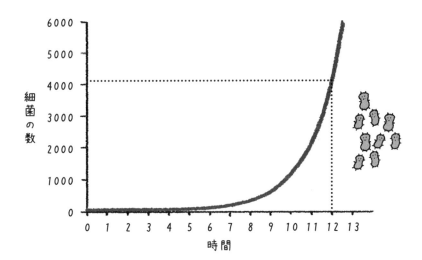

完璧です！
こんなふうに，2^{10} がだいたい 1000 だって知っていれば，
この問題は暗算でも解けるくらい簡単になるんです。
ちなみに実際は $2^{10} = 1024$ で，12 時間後の細菌の数は
4096 個になります。まぁ概算としては悪くないでしょ。

すごい！
なんだか指数の便利さが少しわかった気がします。

STEP 3

対数の計算を
マスターしよう！

ここからは対数の計算法則を見ていきます。三つの対数法則をマスターして，さまざまな対数の計算に挑戦してみましょう。

対数の法則 ① ― かけ算を足し算に変換

さぁいよいよお待ちかねの**対数の計算法則**です！
ここから紹介する三つの法則をマスターすれば，対数を思い通りに使いこなせることでしょう！

ただでさえ，対数の考え方はややこしかったのに，さらに計算だなんて，大丈夫でしょうか……。

一歩ずつ進めていきますから，きっと大丈夫！

はい，お願いします。

まずは一つ目の対数法則です。
ここでは，$\log_{10}(100 \times 1{,}000)$ のような，**真数の部分がかけ算になっている対数**について考えてみます。
ちなみに，ここの STEP3 だけはけっこう桁数の大きな数がたくさん出てくるので，1,000のように，千の位をあらわす「,」を入れますね。

はい。

では早速ですが，$\log_{10}(100 \times 1{,}000)$ は何になるかわかりますか？

えっ!? わかりません。

これは，対数の超基本的なところですよ。
$100 \times 1{,}000$ は $100{,}000 = 10^5$ ですね。
$\log_{10}(10^5)$ は，10を何回くりかえしかけ算すると，
10^5 になるのか，ということです。

それじゃあ，$\log_{10}(100 \times 1{,}000) = 5$ でしょうか。

はい，正解です。
対数の考え方，思い出しましたか？

うーん，ぼんやりと……。

どんどん使って，慣れていきましょう。
それじゃあここで，$100 \times 1{,}000$ を 100 と $1{,}000$ に分けて考えて，$\log_{10}100$ と $\log_{10}1{,}000$ のそれぞれの値を考えてみましょう。

はい。えーっと，まず，$\log_{10}100$ですね。
100は10を2乗したものだから，
$\log_{10}100 = 2$ですね。
それから，1,000は10を3乗したものだから，
$\log_{10}1,000 = 3$ですかね。

両方正解です。
だいぶ対数の考え方が身についてきましたね！
今やった計算の結果三つを並べてみましょう。

$$\log_{10}(100 \times 1,000) = 5$$
$$\log_{10}100 = 2$$
$$\log_{10}1,000 = 3$$

なにか気づきませんか？

うーん，下二つを足すと2＋3で，一番上と同じ値になり
ますね。

ええ, そうなんです!! つまり,
$\log_{10}(100 \times 1{,}000)$
$= \log_{10}100 + \log_{10}1{,}000$
が成り立つんです。

かけ算が足し算になったんですね!
でも, これは$\log_{10}(100 \times 1{,}000)$のときにだけ, 偶然
成り立っているだけではないんですか?

いえいえ, 偶然ではありません。
一般式で書くと, $\log_a(M \times N) = \log_a M + \log_a N$
がいつも成り立つんです。
ここで, M, Nはプラスの数しか考えていませんよ。

対数法則①

$$\log_a(M \times N) = \log_a M + \log_a N$$

ただし, $M, N > 0$

この法則を使うことで，$M \times N$というかけ算を足し算で考えることができるようになるんです。

そして，このことが対数を利用して計算を簡略化する際に生かされるんです。

 # なるほど〜。

 この法則は，先ほどやった**指数法則①と密接な関係にある法則です。**ちょっとむずかしいですが，文字を使った一般式で，この対数法則①が成り立つことを確認しておきましょう。

 # 確認？

 ええ，証明とも言います。

$M = a^p$，$N = a^q$となるM，N，a，qを考えます。

先ほどの例で言うと，$100 = 10^2$，$1,000 = 10^3$みたいな関係で，$M = 100$，$N = 1,000$，$a = 10$，$p = 2$，$q = 3$となります。

 # 難解！

 このときの$\log_a(M \times N)$を考えてみましょう。

いきますよ。

$M \times N$ について考える。$M = a^p$, $N = a^q$ とすると、

$$M \times N = a^p \times a^q$$

指数法則①より

$$M \times N = a^{p+q}$$

これをそのまま a を底とする対数にすると

$$\log_a (M \times N) = \log_a a^{p+q}$$

$\log_a a^{p+q}$ は、a を何乗すれば a^{p+q} になるか、という意味なので、

$$\log_a (M \times N) = \log_a a^{p+q} = p + q$$

一方、$M = a^p$, $N = a^q$ なので、

$$\log_a M = p, \quad \log_a N = q$$

したがって、

$$\log (M \times N) = p + q$$
$$= \log_a M + \log_a N$$

ぐぬぬぬ。

この一般式を使った証明はちょっとむずかしいかもしれないので，時間をかけて一つずつ理解してみてください。

難易度バク上がりです。

対数の法則 ② ― 割り算を引き算に変換

では，次にいきましょう。対数法則の二つ目です！
二つ目の対数法則は，先ほどの対数法則①と似ています。
ここでは $\log_{10}(100{,}000 \div 100)$ みたいな，**真数に割り算が入った対数**について考えますよ。

今度は割り算ですね。

ええ，そうです。
じゃあ $\log_{10}(100{,}000 \div 100)$ を計算してみてください。

えーっとまず $100{,}000 \div 100 = 1{,}000 = 10^3$ ですね。
だから $\log_{10}(100{,}000 \div 100) = 3$ だと思います。

正解です！
それじゃあ先ほどと同じように 100,000 ÷ 100 を 100,000 と 100 に分けて考えて，$\log_{10}100{,}000$ と $\log_{10}100$ をそれぞれ求めてみてください。

えーっとまずは，$\log_{10}100{,}000$ ですね。
100,000 は 10^5 だから，$\log_{10}100{,}000 = 5$ です。
次に $\log_{10}100$ は，$100 = 10^2$ だから，$\log_{10}100 = 2$ です。

そうですね。
それじゃあ，これらの結果を並べてみましょう。

$$\log_{10}(100{,}000 \div 100) = 3$$
$$\log_{10}100{,}000 = 5$$
$$\log_{10}100 = 2$$

はい，何かに気づきませんか？

えーっと，一番上の対数の値は，2段目の対数の値から3段目の対数の値を引いたものになっています。

そうなんです！！
$\log_{10}(100{,}000 \div 100) = \log_{10}100{,}000 - \log_{10}100$
が成り立つんです。

対数法則①では，かけ算が足し算に変わりましたけど，
今回は**割り算**が**引き算**に変わったわけですね。

ええ，その通りです。
もちろんこれも偶然ではありません。
文字を使った一般式で書くと，
$\log_a(M \div N) = \log_a M - \log_a N$ となります。

対数法則②

$$\log_a(M \div N) = \log_a M - \log_a N$$

ただし, $M, N > 0$

こ，これも確認するんですか？

当然です！
流れとしてはさっきの対数法則①と同じです。
いきますよ。

$M \div N$ について考える。$M = a^p$, $N = a^q$ とすると

$$M \div N = a^p \div a^q = \frac{a^p}{a^q}$$

$\frac{1}{a^q} = a^{-q}$ なので,

$$M \div N = a^p \times a^{-q}$$

指数法則①より
$$M \div N = a^{p-q}$$

これをそのまま a を底とする対数にすると
$$\log_a (M \div N) = \log_a a^{p-q}$$

$\log_a a^{p-q}$ は, a を何乗すれば a^{p-q} になるか,
という意味なので,
$$\log_a (M \div N) = \log_a a^{p-q} = p - q$$

一方, $M = a^p$, $N = a^q$ なので,
$$\log_a M = p, \quad \log_a N = q$$

したがって,
$$\log (M \div N) = p - q$$
$$= \log_a M - \log_a N$$

とまぁこんな感じで**対数法則**②が成り立つことがわかります。

むずかしいー!!

まぁ，また時間があるときにおさらいしておいてください。対数法則②自体は，対数法則①とすごく似てますから，一緒に覚えておくといいですよ。かけ算を足し算にするのが対数法則①，割り算を引き算にするのが対数法則②です。

がんばって覚えます。

対数の法則③── 累乗を簡単なかけ算に変換

それでは，最後の対数法則です。

お願いします！

今度は，対数法則①や②とは少し感じがちがいますかね。

ドキッ。

次に考えるのは，$\log_{10}100^3$ のような，
真数に指数がつく対数です。

ふ，複雑そうです。

ええ，でも法則自体はそれほどむずかしくないですよ。
じゃあ，$\log_{10}100^3$ を計算してみてください。

うーん，とりあえず，力技で指数を普通の数に書きかえ
てみます。

$$\log_{10} 100^3 = \log_{10} 1{,}000{,}000$$
$$= \log_{10} 10^6$$
$$= 6$$

はい，$\log_{10}100^3 = 6$ です。

正解です。
では，ちょっと指数の部分を置いておいて，
$\log_{10}100$ を計算すると何になるでしょうか？

えっと，$100 = 10^2$ なので，
$\log_{10}100 = 2$ になると思います。

そうですね。ここで $\log_{10}100$ は 2 ですから，
先ほどの指数の 3 をかけると 6 となります。
つまり $\log_{10}100^3 = 3 \times \log_{10}100$ が成り立つんです。

偶然ではなく！

ええ，そうです。
文字を使った一般式で書いてみると，
$\log_a M^k = k\log_a M$ が成り立つんです。
これが三つ目の対数法則です。

対数法則③

$$\log_a M^k = k \log_a M$$

ただし, $M, N > 0$

真数にかかった指数はlogの前に出して, かけ算にできるっていうことですか？

その通りです。たとえば, $\log_3 230^5 = 5 \times \log_3 230$, $\log_{10} 300^2 = 2 \times \log_{10} 300$ のようになります。

なるほど。
指数の計算が, 簡単なかけ算になってしまうというわけですね。

そうなんです。
4時間目でやりますが, 対数を利用して累乗（○の△乗）の値を求めるときに絶大な威力を発揮する法則です！

これもやはり確認ですか？

もちろん！
まず, $M = a^p$ となるような数を考えます。先ほどの例で言うと, $M = 100$, $a = 10$, $p = 2$ で, $100 = 10^2$ みたいな関係にある数です。

M^kについて考える

$M = a^p$なので、

$$M^k = (a^p)^k$$

指数法則②より

$$M^k = a^{p \times k}$$

これをそのままaを底とする対数にする

$$\log_a M^k = \log_a a^{p \times k}$$

$\log_a a^{p \times k}$ はaを何乗すれば $a^{p \times k}$ になるのか、という意味なので、

$$\log_a M^k = k \times p$$

ここで、$M = a^p$より $p = \log_a M$を上の式に代入

$$\log_a M^k = k \times \log_a M$$

はい，ちゃんと確認できました。

む，むずい……。

ともかくこれで，対数の三つの法則が終了です。
もう対数の計算がばりばりできますよ！

ごっちゃになって忘れそうです。

そのときはまた，ここにもどってきてくださいね！

対数の計算をしてみよう！

それではここからは**対数を使った計算**に挑戦してみましょう！

できるかなぁ……。

ではいきます！

　音の大きさはデシベル（dB）という単位であらわされます。音圧（空気圧の変動の大きさ）が10倍になるごとに，音の大きさは20デシベル上がります。通常の会話は60デシベルくらいです。たとえば，音圧が会話の10倍の大きさのとき，$60 + 20 \times 1 = 80$ デシベルです。会話の100倍の音圧なら，$60 + 20 \times 2 = 100$ デシベルとなります。

　今，飛行機のエンジンの近くで音圧を計測すると，60デシベルの会話の2,000倍の音圧だとわかりました。上記のことから，このとき飛行機の音の大きさ（デシベル）は，$60 + 20 \times \log_{10} 2{,}000$ で計算できます。

　さて，このとき飛行機の音は何デシベルでしょうか？ $\log_{10} 2 \fallingdotseq 0.301$ を使って計算してみてください。

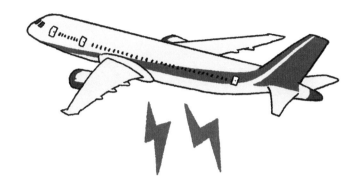

うーん……。何をどこからはじめればよいのやら。

ともかく飛行機の音は $60 + 20 \times \log_{10} 2{,}000$ で計算できるわけです。

$\log_{10} 2$ の値がわかっているわけなので，$\log_{10} 2{,}000$ をどうにか $\log_{10} 2$ を使った式に書きかえてみましょう。

えーっと，2,000といえば，2 × 1,000ですね。

ビンゴです！
つまり $\log_{10} 2{,}000 = \log_{10} (2 \times 1{,}000)$ なわけです。
じゃあこれは，対数法則を使って計算できますね！

175

お，これは真数がかけ算になっているので，**対数法則**①ですね。かけ算を対数の足し算にするやつ。
えーっと対数法則①を使うと，

$$\log_{10} 2{,}000 = \log_{10}(2 \times 1{,}000)$$
$$= \log_{10} 2 + \log_{10} 1{,}000$$

$\log_{10} 2 \fallingdotseq 0.301$，$\log_{10} 1000 = 3$ なので，

$$\log_{10} 2{,}000 \fallingdotseq 0.301 + 3 = 3.301$$

いいですね！
じゃ，あとは，$60 + 20 \times \log_{10} 2{,}000$ の式を使って，飛行機の音の大きさを求めるだけです。

やってみます！
$\log_{10} 2{,}000 \fallingdotseq 3.301$ だから，
音の大きさは $60 + 20 \times 3.301 \fallingdotseq 126$。
でました！　**およそ126デシベルです！**

大正解です！

 楽勝でした！

 フフフ。
じゃもう一題！

　お小遣いを1円からはじめて毎日倍にして
もらうことにしました。初日に1円，1日後
に2円，2日後に4円と，お小遣いが倍々に
増えていきます。さて，お小遣いが10億円
になるのは何日後でしょうか？

$\log_2 5 ≒ 2.32$ を使って計算してみましょう！

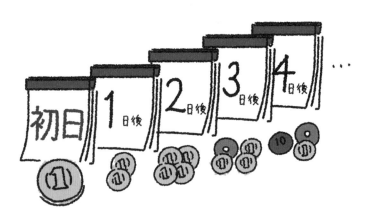

あ、これは1時間目にやったお米の話と同じですね！

ええ、殿様が大変な目にあった。

いいなぁー10億円。
で、どうやって考えるんですか？

それが問題ですよ！
logを使って、10億円をもらうまでにかかる日数をあらわすのがポイント！

えーっと、ヒントください！

お小遣いが毎日2倍になるんですよね。つまり、
2を何回かけ算すれば、10億になるのか、ってことですよ！

そうか。ということは$\log_2 10$億ってことですね。

ええ、そうです。
10億は1,000,000,000で、10^9。なので、お小遣いが10億になるのは、$\log_2 10^9$日後となるわけです。

あ，これどこかで見覚えがある。
対数法則③ですね！

そうです！
対数法則③ $\log_a M^k = k\log_a M$ を使うと，先ほどの式はどうなりますか？

えっと，
$$\log_2 10^9 = 9 \times \log_2 10 \quad \cdots\cdots ①$$
になります！

完璧。じゃあ，ここからさらに，$\log_2 10$ の値を求めてみてください。$\log_2 5$ の値がわかっているのがポイントですよ。

んー……。

さっきの問題と同じですよ。対数法則①を使うんです。

そうか！
$10 = 2 \times 5$ だから，
$\log_2 10 = \log_2 (2 \times 5) = \log_2 2 + \log_2 5$ ですね！

はい，じゃあもうこれは計算できますよね。

$\log_2 2 = 1$ ですね。それから $\log_2 5 \fallingdotseq 2.32$ でした。
ということは $\log_2 10 \fallingdotseq 1 + 2.32 = 3.32$。

ということは？　①の式に $\log_2 10$ の値を入れると，
答えが出ますね。

$9 \times \log_2 10$ に $\log_2 10 \fallingdotseq 3.32$ を代入すると，
$9 \times 3.32 \fallingdotseq 29.9$。出ました！
10億円のお小遣いをもらえるのは
30日後ですね！

大正解！

 30日くらいだったら全然待ちます！
**給料，１円から毎日倍々にならない
かな〜！**

 ハハハ！
ともかくこれで，対数の計算はばっちりです！！

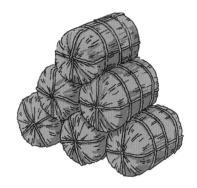

4

時間目

対数表と計算尺を
使って計算しよう！

STEP 1

複雑なかけ算が、足し算になる

いよいよここから，対数の真髄に迫ります。ここでは，複雑な計算を簡単にする魔法の一つ，「常用対数表を使った計算」を紹介しましょう。

対数表を使えばむずかしい計算も簡単に

指数も対数も計算の法則をマスターできましたね。
それではいよいよこの4時間目では，対数を使って，複雑な計算を簡単に行う**魔法**を使っていきますよ！

わーい！
計算がラクにできるようになるんですね！

ええ！　まずこのSTEP1では，**常用対数表**というものを利用した計算を行います。
そして次のSTEP2では，アナログの計算機，**計算尺**を使った計算をやってみましょう。
この4時間目が**対数の真髄**ともいえるかもしれないですね。

はい！　お願いします！

まずは，**常用対数表**を使った計算です。
常用対数表を使えば，複雑な計算もラクに行うことができるんですよ。

じょうようたいすうひょう？

ええ，常用対数を表にしたものです。

そのまんまですね。えーと，常用対数ってなんでしたっけ？　もう頭がいっぱいいっぱいで。

ふふふ。2時間目で少し触れましたね。
常用対数というのは，$\log_{10} 2$ とか $\log_{10} 53940$ とか，底を 10 にした対数のことです。
底を 10 にすると何かと便利なので，常用対数はよく使われるんですよ。

思い出しました！

そして，この**常用対数の値を一覧表にしたのが，常用対数表です。ある値の常用対数を知りたいときには，常用対数表を見れば，簡単にわかるんですよ。**
298 〜 299 ページに常用対数表を掲載しました。

わわっ，すごい数の羅列！
一体どうやって使うんですか？

まず，**表の左端の縦に並んでいる数値，1.0, 1.1, 1.2,
1.3……と，上端の横に並んでいる数値，0, 1, 2, 3…
…は，真数を求めるために使われます。**$\log_{10}\square$の，□に
当たる部分ですね。

はい。

左端の列は，真数の整数部分と小数第1位を示していま
す。そして，上端の行は，小数第2位を示しています。

ふむふむ。

**両者の交差する部分の数が，その真数に対する常用対数
の小数第4位までの近似値となっているんです。**298〜
299ページに掲載した常用対数表では，$\log_{10}1.00$から
$\log_{10}9.99$までの値が一覧になっています。

なるほど。

じゃあ，ためしに$\log_{10}1.31$の値を探してみましょう。
まず，表の左端の列から，1.31の小数第1位までの値
「1.3」を探します。次に，上端の行から1.31の小数第2
位の値「1」を探します。

両方ありました！

この**1.3の列と，1の行が交差する部分の数が，
$\log_{10}1.31$の値なんです。**

えーっと，「0.1173」となっていますね。

数	0	1	2	3
1.0	0.0000	0.0043	0.0086	0.0128
1.1	0.0414	0.0453	0.0492	0.0531
1.2	0.0792	0.0828	0.0864	0.0899
1.3	0.1139	0.1173	0.1206	0.1239
1.4	0.1461	0.1492	0.1523	0.1553

はい。ですので，$\log_{10}1.31 \fallingdotseq 0.1173$
ということです。

すごい，対数が計算せずにわかってしまった！

すごいでしょう？
これで，常用対数表の使い方はバッチリですね。

ま，まってください！　対数の値はわかりましたけど，
これでどうやって計算を簡単にできるんですか？

131×219×563×608を計算してみよう

では，実際に計算してみましょう。
131 × 219 × 563 × 608 を計算をしてみてください。

電卓がないと絶対ムリ！

ところがどっこい！

電卓がなくても，常用対数表があれば，計算できちゃうんです。

ほんとうですか!?

この計算では，かけ算を足し算に変換する**対数法則①**が，大きな役割をはたすことになります。
じゃあ行きますよ。

はい，お願いします！

はじめに，131 × 219 × 563 × 608を，10を底とする対数で考えるんです。
つまり，$\log_{10}(131 \times 219 \times 563 \times 608)$。

うおっ！

いきなり対数で考えるんですか!?

そうなんです。ひとまず計算のために，対数にしてしまうんです。
方針としては，はじめに$\log_{10}(131 \times 219 \times 563 \times 608)=$○となるように○の値を探します。それから，今度は○＝$\log_{10}\square$となるような□の値を探すんです。
すると，$\log_{10}(131 \times 219 \times 563 \times 608)=\log_{10}\square$ですから，両辺を見くらべて，$(131 \times 219 \times 563 \times 608)=\square$となるわけなんです。

む，むずかしそう……。

順を追って説明しますから，大丈夫ですよ。

まず，**今回使う常用対数表は，真数の値が1.00 〜 9.99 の範囲でしか使えないので，$\log_{10}(131 \times 219 \times 563 \times 608)$の式の真数の部分の桁数を調整します。**

桁数を調整？

はい。

あとで1.31とか2.19の常用対数の値を探せるように，対数表で対応できる数であらわし直すわけです。

ということで，$131 = 1.31 \times 10^2$のように書き直しましょう。すると，次のように整理できます。

$$\log_{10}(131 \times 219 \times 563 \times 608)$$
$$= \log_{10}(1.31 \times 10^2 \times 2.19 \times 10^2 \times$$
$$5.63 \times 10^2 \times 6.08 \times 10^2)$$

指数法則① $a^m \times a^n = a^{m+n}$ より

$$= \log_{10}(1.31 \times 2.19 \times 5.63 \times$$
$$6.08 \times 10^8)$$

ふむぅ。

そしてここからが，この計算の**最重要ポイント**です！
対数法則①を使って，真数のかけ算を対数の足し算に変
換するんです！

$\log_{10}(131 \times 219 \times 563 \times 608)$

$= \log_{10}(1.31 \times 2.19 \times 5.63 \times$
$\qquad 6.08 \times 10^{8})$

対数法則① $\log_a(M \times N) = \log_a M + \log_a N$ より

$= \log_{10}1.31 + \log_{10}2.19 + \log_{10}5.63$
$\qquad + \log_{10}6.08 + \log_{10}10^{8}$

ここで，対数法則③ $\log_a M^k = k \times \log_a M$ より，
$\log_{10}10^{8} = 8 \times \log_{10}10 = 8$ なので，

$= \log_{10}1.31 + \log_{10}2.19 + \log_{10}5.63$
$\qquad + \log_{10}6.08 + 8$

 ## ああっ！ かけ算が 対数の足し算に変わった！

 ふふふ。

読めました！

足し算のかたちに変えてから，**常用対数表からそれぞれ の対数を読み取って，値を求めるんですね!?**

お，先が読めるようになりましたね！
その通りです。1.31，2.19，5.63，6.08の常用対数の 値を，表から調べてみてください。

えっと，
$\log_{10}1.31$ はさっき探した通り，**0.1173**ですね。
$\log_{10}2.19$ は**0.3404**です。

数	6	7	8	9
1.9	0.2923	0.2945	0.2967	0.2989
2.0	0.3139	0.3160	0.3181	0.3201
2.1	0.3345	0.3365	0.3385	0.3404
2.2	0.3541	0.3560	0.3579	0.3598
2.3	0.3729	0.3747	0.3766	0.3784

$\log_{10}5.63$ は**0.7505**です。

数	2	3	4	5
5.4	0.7340	0.7348	0.7356	0.7364
5.5	0.7419	0.7427	0.7435	0.7443
5.6	0.7497	0.7505	0.7513	0.7520
5.7	0.7574	0.7582	0.7589	0.7597
5.8	0.7649	0.7657	0.7664	0.7672

そして $\log_{10}6.08$ は 0.7839 です。

数	6	7	8	9
5.8	0.7679	0.7686	0.7694	0.7701
5.9	0.7752	0.7760	0.7767	0.7774
6.0	0.7825	0.7832	0.7839	0.7846
6.1	0.7896	0.7903	0.7910	0.7917
6.2	0.7966	0.7973	0.7980	0.7987

 ## 常用対数表のあつかいになれてきましたね！

はい，これらの値を先ほどの式に代入しましょう。

$$\log_{10}1.31 + \log_{10}2.19 + \log_{10}5.63$$
$$+ \log_{10}6.08 + 8$$
$$\fallingdotseq 0.1173 + 0.3404 + 0.7505$$
$$+ 0.7839 + 8$$
$$= 9.9921$$

というわけで，ここまでの計算で，

$$\log_{10}(131 \times 219 \times 563 \times 608) \fallingdotseq 9.9921$$

となることがわかりました。ここで登場した足し算が実質，今回必要な唯一のちょっとめんどい計算です。
ここでまずはひと段落。

ふぃーっ，めっちゃ大変でした。

指数法則，対数法則のオンパレードですね。
ところで，知りたいのは，$\log_{10}(131 \times 219 \times 563 \times 608)$ の答えではなくて，$131 \times 219 \times 563 \times 608$ の答えだったはずですが。

そうですよね！

ということで，ここから対数を外す作業をしていきましょう。第二段階といったところでしょうか。

まだつづくんですか!?

目標としては，

$$\log_{10}(131 \times 219 \times 563 \times 608) \fallingdotseq 9.9921$$
$$= \log_{10}\square$$

のようなかたちにもっていくことです。
そうしたら，対数を外して，
$131 \times 219 \times 563 \times 608 = \square$ とできるわけです。

ふむふむ。

言ってみれば，ここからの作業は，**常用対数の値が9.9921になるときの真数の値（□）が何かを，常用対数表を使って探し出す，ということになります。**

なるほど！

ただ，**常用対数表の常用対数の値はどれも1よりも小さいので，9.9921＝0.9921＋9と考えます。**そして，常用対数が0.9921となる真数を常用対数表から探してみましょう。

えーっと，今度は，たくさん並んだ常用対数の値の方から，0.9921を探すんですね？
さっきと表の見方が逆ですね。えーっと……，
おっ，あった！　左端の列が9.8，上の行が2のところに0.9921があります！

数	0	1	2	3
9.5	0.9777	0.9782	0.9786	0.9791
9.6	0.9823	0.9827	0.9832	0.9836
9.7	0.9868	0.9872	0.9877	0.9881
9.8	0.9912	0.9917	0.9921	0.9926
9.9	0.9956	0.9961	0.9965	0.9969

そうですね。つまり，$0.9921 \fallingdotseq \log_{10} 9.82$ ということです！　ここから，次の計算ができます。

$$\log_{10}(131 \times 219 \times 563 \times 608)$$
$$\fallingdotseq 9.9921$$

$0.9921 \fallingdotseq \log_{10}9.82$なので
$$\fallingdotseq \log_{10}9.82 + 9$$
$$= \log_{10}9.82 + \log_{10}10^9$$

↑

$\log_{10}10 = 1$なので、
$9 = 9 \times \log_{10}10$と変形します。
さらに対数法則③より、
$9 \times \log_{10}10 = \log_{10}10^9$
したがって、$9 = \log_{10}10^9$ です。

対数法則① $\log_a(M \times N) = \log_a M + \log_a N$ より
$$= \log_{10}(9.82 \times 10^9)$$

はい，というわけで，
$\log_{10}(131 \times 219 \times 563 \times 608)$
$\fallingdotseq \log_{10}(9.82 \times 10^9)$ です！！

 さっき先生が言っていたかたちになってますね！

 そうでしょう。それで，この式の対数を両方から外すと，
求めたい計算の答えとなるわけです。つまり，
$131 \times 219 \times 563 \times 608 \fallingdotseq 9.82 \times 10^9$
$= 9820000000$ ！
ちなみに，今やった計算は次のようにもできますよ。別
の計算法でもやってみますね。

$\log_{10}(131 \times 219 \times 563 \times 608) \fallingdotseq 9.9921$

指数と対数の関係から

$131 \times 219 \times 563 \times 608 \fallingdotseq 10^{9.9921}$

指数法則①より

$131 \times 219 \times 563 \times 608 \fallingdotseq 10^{0.9921} \times 10^9$

一方，$\log_{10} 9.82 \fallingdotseq 0.9921$なので，
指数と対数の関係から

$10^{0.9921} \fallingdotseq 9.82$

よって

$131 \times 219 \times 563 \times 608 \fallingdotseq 9.82 \times 10^9$

うぉーっ！　頑張った〜

常用対数表から読み取る対数の値はおおよその値なので，131 × 219 × 563 × 608の答えは約9820000000ということです。本当の値は9820359456なので，まぁだいたい合っていますよね。

めちゃくちゃ大変でした。

でも，電卓がなければとてもできない計算が，常用対数表で計算できちゃいましたね！

常用対数表の使い方になれたら，おそらくそんなに大変じゃないはずですよ。**今回の方法では，131 × 219 × 563 × 608という計算が，事実上，常用対数表から数値を読み取って，0.1173 ＋ 0.3404 ＋ 0.7505 ＋ 0.7839という足し算だけで計算できたことになります。**

本当に，複雑なかけ算が簡単な 足し算に変わった！

やり方は複雑でしたけど，確かに，計算自体はあんまり大変じゃなかったです。

そうでしょう？　**元のかけ算が複雑になればなるほど，対数による計算の簡略化は，さらに威力を発揮するんですよ。**

2^{29}を計算してみよう

常用対数表を利用した計算をもう少しやってみましょう。次に計算するのは，1時間目の米粒の話に登場した2^{29}です。

2を29回かけ算したら，どうにか計算はできますけど，
めちゃくちゃ面倒ですね……。

ところが！
常用対数表を使うと，簡単な計算で2^{29}を計算できてしまうんです！

指数のついた計算も，常用対数表が使えるんですね！

そうなんです！　じゃあ早速やってみましょう。
まず，2^{29}を，10を底とする対数であらわしましょう。$\log_{10}2^{29}$になりますね。
目標は，先ほどと同じように$\log_{10}2^{29}=\log_{10}\square$となるような$\square$の値を探し出すことです。
$\square$の値がわかれば，$2^{29}=\square$となるでしょう？

ここまではさっきと同じですね。

今回大事なのは，

対数法則③の　$\log_a M^k = k \times \log_a M$ です。

これを使うと，$\log_{10} 2^{29} = 29 \times \log_{10} 2$ となります。

ふむふむ。

ここで，$\log_{10} 2$ の値を常用対数表から探します。何になりますか？

数	0	1	2	3
1.8	0.2553	0.2577	0.2601	0.2625
1.9	0.2788	0.2810	0.2833	0.2856
2.0	0.3010	0.3032	0.3054	0.3075
2.1	0.3222	0.3243	0.3263	0.3284
2.2	0.3424	0.3444	0.3464	0.3483

えっと，$\log_{10} 2$ の値は，左端の列が「2.0」で，上の行が「0」のところだから……「0.3010」です。

そうですね。

ということは，$\log_{10} 2^{29}$ の値は次のように計算できます。

$$\log_{10}2^{29} = 29 \times \log_{10}2$$
$$\fallingdotseq 29 \times 0.3010$$
$$= 8.7290$$
$$= 0.7290 + 8 \quad \leftarrow \text{常用対数表の値が1より小}$$

さいため, 小数点以下の部
分と整数部分を分けた

 29 × 0.3010はちょっと計算がむずかしいですが, 今回
出てくる計算はここだけなので, がんばって計算してく
ださい。

 # しょうがないですね〜。

 それでは, ここから第2段階です。**0.7290 + 8を log₁₀□という形であらわすことを目指します。**
まず, 常用対数表から, **常用対数の値が0.7290に
近い真数の値**を読み取ってください。

数	5	6	7	8
5.1	0.7118	0.7126	0.7135	0.7143
5.2	0.7202	0.7210	0.7218	0.7226
5.3	0.7284	0.7292	0.7300	0.7308
5.4	0.7364	0.7372	0.7380	0.7388
5.5	0.7443	0.7451	0.7459	0.7466

えーっと，ぴったり0.7290になるところはありません
が，5.3と6が交わるところの値である0.7292が一番近
いです。$0.7290 ≒ \log_{10}5.36$ ということですね。

いいですね！
そうすると，次のような計算ができます。

$$\log_{10}2^{29} = 0.7290 + 8$$
$$≒ \log_{10}5.36 + 8 × \log_{10}10$$

↑
$\log_{10}10 = 1$ より

対数法則③より
$$= \log_{10}5.36 + \log_{10}10^8$$

対数法則①より
$$= \log_{10}(5.36 × 10^8)$$

はい，というわけで
$$\log_{10}2^{29} ≒ \log_{10}(5.36 × 10^8)$$
というかたちであらわすことができましたね。ここから，
$$2^{29} ≒ 5.36 × 10^8 = 536000000$$
ということがわかります。
ちなみに，この計算は次のようにもできますよ。別の計
算法ものせておきますね。

$$\log_{10} 2^{29} \fallingdotseq 8.7290$$

指数と対数の関係から

$$2^{29} \fallingdotseq 10^{8.7290}$$

対数法則①より

$$2^{29} \fallingdotseq 10^{0.7290} \times 10^8$$

ここで$0.7290 \fallingdotseq \log_{10} 5.36$なので，
指数と対数の関係から

$$10^{0.7290} \fallingdotseq 5.36$$

よって

$$2^{29} \fallingdotseq 10^{0.7290} \times 10^8$$

$$= 5.36 \times 10^8$$

おぉ！
2を29回かけ算しなくても，おおよその値がわかりました！　基本的な計算のやり方は，さっきのかけ算のときと似ていましたね。

そうですね。なお，2^{29}の実際の値は，536870912になります。

12回かけ算すると, 2になる数は何?

少しずつ, 常用対数表を使った計算になれてきました。

いいですね。
では, 常用対数表を使った最後の問題に挑戦しましょう。
1時間目の音階の話で, 1オクターブ音がちがうと, 振動する弦の長さは2倍変わると説明しましたね。

はい。12の半音は1.06倍ずつ弦の長さが変わっていく, という話を聞きました。たしか, $1.06^{12} \fallingdotseq 2$ だから, ということでしたよね。

よく覚えてましたね。それではここでは,
その**1.06という値を確認する計算**をしましょう。
12回かけ算すると2になる数は何?　ということですね。

うわ〜。めっちゃむずそう。

これも常用対数を使って計算できるんですよね？

もちろん。

基本的なやり方はここまで見てきた方法とあまり変わりませんよ。

まず，**求めたい数（12乗したら2になる数）をrとおきます。すると$r^{12}=2$が成り立つわけですね。このrの値が何になるのか，常用対数表を使って計算します。**

はい。

まずはこれまで通り，この式の両辺を常用対数であらわしましょう。

常用対数であらわすと……，$\log_{10} r^{12} = \log_{10} 2$ ということですね？

ええ，そうです。さらに**対数法則③**を使うと，次のような計算ができます。

$$\log_{10} r^{12} = \log_{10} 2$$

対数法則③より

$$12 \times \log_{10} r = \log_{10} 2$$

$$\log_{10} r = (\log_{10} 2) \div 12$$

はい,
$\log_{10} r$ の値，これで
わかりそうじゃないですか？

あっ！
ここで常用対数表を使って $\log_{10} 2$ の値を計算するわけで
すね。

数	0	1	2	3
1.8	0.2553	0.2577	0.2601	0.2625
1.9	0.2788	0.2810	0.2833	0.2856
2.0	0.3010	0.3032	0.3054	0.3075
2.1	0.3222	0.3243	0.3263	0.3284
2.2	0.3424	0.3444	0.3464	0.3483

えーっと，表から探すと，$\log_{10} 2 \fallingdotseq 0.3010$ です。
だから $\log_{10} r \fallingdotseq 0.3010 \div 12$ です。

OK！　ここで1回だけ，0.3010÷12の計算が必要です。でも，事実上，計算が必要なのはここだけなので，我慢してください。

筆算したら，0.3010÷12≒0.0251でした。

はい，というわけで$\log_{10} r \fallingdotseq 0.0251$です。
じゃあ，次に常用対数の値が0.0251になる真数の値を常用対数表から読み取ってください。

えっと，これもぴったりの値はありませんが，真数が1.06のときが一番近いと思います。

数	5	6	7	8
1.0	0.0212	0.0253	0.0294	0.0334
1.1	0.0607	0.0645	0.0682	0.0719
1.2	0.0969	0.1004	0.1038	0.1072
1.3	0.1303	0.1335	0.1367	0.1399
1.4	0.1614	0.1644	0.1673	0.1703

そうですね。というわけで，
$\log_{10} r \fallingdotseq 0.0251 \fallingdotseq \log_{10} 1.06$
となります。ここから，
$r \fallingdotseq 1.06$となるわけなんですね。

おっ，本当だ。
1時間目にやった通り，やっぱり約1.06になりました！

常用対数表はこうしてつくられた

常用対数表を使った計算，なかなかむずかしいですが，使いこなせると，いろんな計算がとてもラクになって便利になることがわかりました。
今は電卓がありますけど，電卓なんてなかった時代に，すごく活躍したんでしょうね。
これもネイピアさんがつくったんですか？

ネイピアが対数を発見した当時，対数表はこの世のどこにも存在しませんでした。
ですので，**ネイピアは対数の値を自分の手で計算して対数表をゼロからつくるしかなかったんです。**

うわぁ〜。大変そうですね。

ええ，ネイピアが膨大な計算によって対数表を完成させて，『Mirifici logarithmorum canonis descriptio（対数の驚くべき規則の記述）』というタイトルのラテン語の論文を1614年に発表するまでに，対数の考案から**20年**を要しました。

20年……。
気が遠くなりそうです。

ただ，**ネイピアが考案した対数は，底が10ではありませんでした。**$1-10^{-7}$という値を底に使っていたため，使いづらいものだったんです。

えっ!?　じゃあ，いつ底が10になったんでしょうか？

底が10である対数を考案したのは，イギリスの数学者・天文学者の**ヘンリー・ブリッグス**（1561 ～ 1630ごろ）です。
ブリッグスはネイピアが発表した論文に感銘を受け，ネイピアを訪ねました。このときに，10を底とすることを提案したのです。

二人は交流があったんですね。

えぇ。**そして1617年，ブリッグスは1000までの正の整数を真数とする常用対数の値を計算し，出版しました。**

1000まで，ですか!?
すごいなぁ。

まだびっくりするにははやいですよ。
ブリッグスはその7年後の1624年，1から20000までと90000から100000までの正の整数について，小数点以下14桁まで計算した対数表を出版したのです！

ぐひー，すさまじい！
しかし，10年とかそこらで計算できるものなんですか!?

4

時間目

対数表と計算尺を使って計算しよう！

211

ものすごく膨大な計算が必要だったでしょうね。
ためしに，常用対数の値を実際に計算してみませんか？

ギクッ。 いや，遠慮しておきます……。

そう言わずにやってみましょうよ！
2〜9までの正の整数に対して，それほど高い精度を求
めなければ，比較的簡単に対数を求められますから！

うぅ。

では早速，$\log_{10}2$ を考えてみましょう。
$2^{10} = 1024$ ですから，思い切って $2^{10} \fallingdotseq 1000 = 10^3$ と考えます。
両辺の対数をとると，$\log_{10}2^{10} \fallingdotseq \log_{10}10^3$ となります。

はい，ここまではなんとか。

ここで，**対数法則③**より次のような計算ができます。

$$\log_{10} 2^{10} \fallingdotseq \log_{10} 10^3$$

対数法則③より
$$10 \times \log_{10} 2 \fallingdotseq 3 \times \log_{10} 10$$

$\log_{10} 10 = 1$なので，
$$10 \times \log_{10} 2 \fallingdotseq 3.0$$
$$\log_{10} 2 \fallingdotseq 3.0 \div 10 = 0.30$$

というわけで，$\log_{10} 2$の値はおおよそ0.30だと見積もれます。実際の値は0.3010……なので，まぁそう悪くない近似値ですね。

おぉっ，すごい！
ほかの数もできるんですか？

お，やる気になってきましたね。
じゃあ，3〜9もざっと求めてみましょう。
一気に行きますよ！
まず$\log_{10} 2$の次に求めやすいのは$\log_{10} 4$です。

対数法則③より
$$\log_{10} 4 = \log_{10} 2^2 = 2 \times \log_{10} 2$$

$\log_{10} 2 ≒ 0.30$ なので
$$\log_{10} 4 ≒ 2 \times 0.30 = 0.60$$

 というわけで$\log_{10} 4$の値はおよそ0.60です。
次は同じやり方で$\log_{10} 8$をやりましょう。

対数法則③より
$$\log_{10} 8 = \log_{10} 2^3 = 3 \times \log_{10} 2$$

$\log_{10} 2 ≒ 0.30$ なので
$$\log_{10} 8 ≒ 3 \times 0.30 = 0.90$$

log₁₀8 はおよそ0.90。
これで log₁₀3 が求められるようになります。

$3^4 = 81$ なので，$3^4 \fallingdotseq 80$ と考える

両辺の常用対数をとると

$$\log_{10} 3^4 \fallingdotseq \log_{10} 80$$

対数法則③より

$$4 \times \log_{10} 3 \fallingdotseq \log_{10} (8 \times 10)$$

対数法則①より

$$4 \times \log_{10} 3 \fallingdotseq \log_{10} 8 + \log_{10} 10$$

$\log_{10} 10 = 1$，$\log_{10} 8 \fallingdotseq 0.90$ なので，

$$4 \times \log_{10} 3 \fallingdotseq 0.90 + 1$$

$$\log_{10} 3 \fallingdotseq \frac{1.90}{4} \fallingdotseq 0.48$$

少し複雑でしたが，$\log_{10}3 \fallingdotseq 0.48$ と見積もれました。
次はこれを使って $\log_{10}9$ を求めてみましょう。

$$\log_{10}9 = \log_{10}3^2 = 2 \times \log_{10}3$$

$\log_{10}3 \fallingdotseq 0.48$ なので

$$\log_{10}9 \fallingdotseq 2 \times 0.48 = 0.96$$

 $\log_{10}9 \fallingdotseq 0.96$。
次は，$\log_{10}6$ 行ってみましょう。

$$\log_{10} 6 = \log_{10}(2 \times 3)$$

対数法則①より
$$\log_{10} 6 = \log_{10} 2 + \log_{10} 3$$

$\log_{10} 2 \fallingdotseq 0.30,\ \log_{10} 3 \fallingdotseq 0.48$ より
$$\log_{10} 6 \fallingdotseq 0.30 + 0.48 = 0.78$$

はい、$\log_{10} 6 \fallingdotseq 0.78$ でした！
残るはあと二つ。次は $\log_{10} 5$ 行きましょう。

$$\log_{10} 5 = \log_{10}(10 \div 2)$$

対数法則②より
$$\log_{10} 5 = \log_{10} 10 - \log_{10} 2$$

$\log_{10} 10 = 1,\ \log_{10} 2 \fallingdotseq 0.30$ より
$$\log_{10} 5 \fallingdotseq 1 - 0.30 = 0.70$$

$\log_{10} 5 \fallingdotseq 0.70$ とわかりました。
最後の難関、$\log_{10} 7$ に挑戦です。

217

$7^2 = 49$ なので，$7^2 \fallingdotseq 50$ と考える

両辺の対数をとると

$$\log_{10} 7^2 \fallingdotseq \log_{10} 50$$

対数法則③より

$$2 \times \log_{10} 7 \fallingdotseq \log_{10} (5 \times 10)$$

対数法則①より

$$2 \times \log_{10} 7 \fallingdotseq \log_{10} 5 + \log_{10} 10$$

$\log_{10} 5 \fallingdotseq 0.70$，$\log_{10} 10 = 1$ なので，

$$2 \times \log_{10} 7 \fallingdotseq 0.70 + 1$$

$$\log_{10} 7 \fallingdotseq \frac{1.70}{2} = 0.85$$

はい，$\log_{10} 7 \fallingdotseq 0.85$ です。
これで全部です。

クラクラ〜。　　怒涛の計算ラッシュでした……。

ふふふ。この結果を表にまとめておきましょう。
かっこの値は実際の値です。

常用対数	値
$\log_{10} 2$	0.30 (0.3010)
$\log_{10} 3$	0.48 (0.4771)
$\log_{10} 4$	0.60 (0.6021)
$\log_{10} 5$	0.70 (0.6990)
$\log_{10} 6$	0.78 (0.7782)
$\log_{10} 7$	0.85 (0.8451)
$\log_{10} 8$	0.90 (0.9031)
$\log_{10} 9$	0.96 (0.9542)
$\log_{10} 10$	1.0

 けっこうざっくりとした計算でしたけど，実際の値とどれも似た値になってますね！

 ブリッグスは，もっと複雑な計算をして，非常に精度の高い常用対数表を作成したんです。

 ここまででも大変なのに，ブリッグスさんの苦労はとんでもなかったことでしょうね。

219

対数表を完成させた，ヘンリー・ブリッグス

　ネイピアが1614年に提唱した対数に，大きく感銘を受けたのが，イギリスのヘンリー・ブリッグスです。ブリッグスはネイピアの対数をより使いやすいものへと進化させることに成功した人物です。

　ブリッグスは，1561年，イングランド（イギリス）のヨークシャーで生まれました。1577年にケンブリッジ大学のセントジョンズ校に入学し，卒業後は物理学や数学の講師を務めました。

　1596年，ブリッグスは，ロンドンのグレシャムカレッジの幾何学の教授になります。ブリッグスは23年間この役職に就いたのち，オックスフォード大学の教授となりました。ブリッグスは，実用数学に強い関心をもち，天文学や航海技術など，さまざまな分野で業績を残しました。

ネイピアの対数に出会う

　ブリッグスが，1614年にネイピアが発表した論文に出合ったとき，対数の発明に大層おどろいたといいます。1615年，早速ブリッグスはスコットランドのネイピアの元を訪ねます。そしてブリッグスはネイピアに対数の底を10とすることを提案しました。それまでネイピアは対数の底を$1-10^{-7}$としており，使いづらいものだったためです。ネイピアも底を10とすることに同意し，二人は協力して研究を進めることになります。

　ブリッグスはネイピアの元に1か月滞在したのち帰国し，

　また翌年の1616年にもネイピアを訪ねます。さらに3度目の訪問も計画されていたようですが，ネイピアの死によって実現しませんでした。ブリッグスがいたロンドンはネイピアのいるスコットランドから遠くはなれており，馬や馬車を使って何日もかかる行程でした。ブリッグスは，遠くはなれたネイピアに何度も会いに行くほど，対数に惹かれていたようです。

常用対数表を完成させる

　ネイピアの死後間もなく，ブリッグスは1〜1,000までの数の常用対数を14桁まで計算した対数表を完成させ，出版しました。1624年には，1から20,000までと90,000から100,000までの常用対数を14桁まで計算した表を発表しました。こうしたネイピアやブリッグスの活躍により，対数はまたたくまに世界に広がり，普及していきました。

$$1-10^{-7}$$

$$\log_{10} X$$

超便利道具「計算尺」を使ってみよう！

もう一つの魔法道具，「計算尺」をご紹介しましょう。目盛りに対数を用いる計算尺は，むずかしい計算をラクにこなすことができ，電卓がなかった時代の，技術者の必須道具でした。

計算尺が科学技術を支えた！

ここからは対数をより深く理解するために「計算尺」という道具について見ていきましょう。

1時間目にも計算尺って聞きましたけど，いったいどういうものなんでしょうか？

計算尺は対数を利用したアナログ式の計算機です。
まるで魔法のように計算の答えを出してくれる，便利で不思議な道具なんです。

電卓みたいなものですね！

はい，まさにそうなんです。

コンピューターや電卓が普及していない時代までは，計算尺は技術者にとって必須の道具でした。ニューヨークのエンパイア・ステート・ビルも，パリのエッフェル塔も，そして東京タワーも計算尺を使って設計されたんです。**科学技術は，この計算尺に支えられていたといっても過言ではないでしょうね。**

3時間目で学んだ対数法則を実感してもらうために計算尺を説明していきますよ。

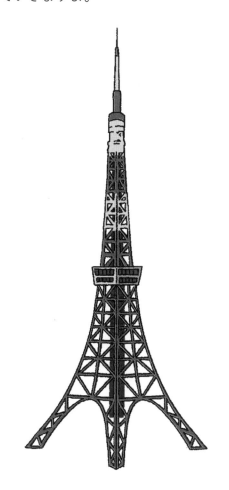

東京タワーも!?

計算尺，すごいですね！
でも私は計算尺を見たことも聞いたこともぜんぜんあり
ませんでした。

今では完全に**電卓**や**コンピューター**にとってかわら
れて，入手するのも困難になっています。
ともかく，これが一般的な計算尺です。

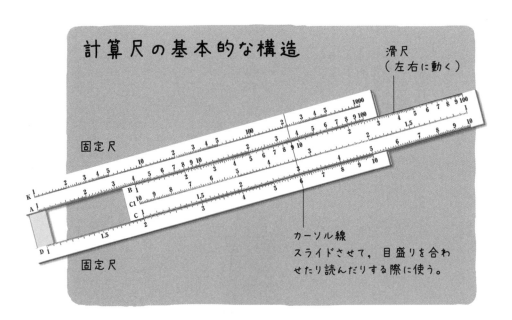

計算尺の基本的な構造

滑尺
（左右に動く）

固定尺

固定尺

カーソル線
スライドさせて，目盛りを合わ
せたり読んだりする際に使う。

定規みたいですね。

3本の定規を，上・真ん中・下，と並べたような形をしています。このうち，上と下の定規は固定されていて動きません。これを固定尺といいます。

一方，真ん中の定規は左右にスライドできるようになっており，滑尺とよばれています。

一番下の固定尺をＤ尺，滑尺の一番下をＣ尺といいます。これからかけ算の計算をしますが，そのためには，Ｃ尺とＤ尺しか使いません。

固定尺と滑尺……。

あれ？　この目盛り，変じゃないですか？

等間隔に並んでいませんよ。1から10に近づくにつれて間隔が狭くなっている気がします。

お，よく気づきましたね！

この目盛りこそ計算尺の秘密で，対数のルールにしたがって刻まれているんです。

対数のルール……。

とりあえず，くわしい原理を説明する前に，実際に使ってみましょう！　ここからの説明は読むだけでも理解できると思いますけど，巻末に計算尺のペーパークラフトを用意しているので，これを組み立てて操作しながら読むのもよいと思います。

まずは2×3をやってみましょう。

 6です!

 まぁこれくらいなら，計算尺を使うまでもないんですけど，まずは，簡単な計算で計算尺の使い方を覚えましょう。

 はい。

 それではまず，下の定規にあるD尺の目盛りから「2×3」の2を探して，そこに滑尺のC尺の左端の1を合わせます。

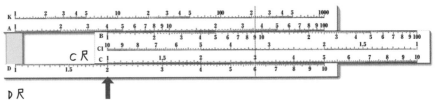

①D尺の目盛りから「2」を探し，そこにC尺の左端の目盛り「1」をスライドさせる。

226

はい，合わせました。

次に「2×3」の3をC尺の中から探して，その真下にあるD尺の目盛りを読み取ります。

D尺

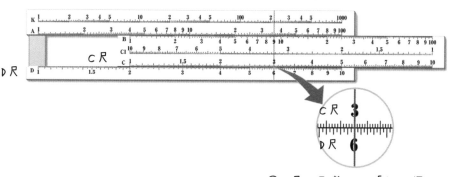

②C尺の目盛りから「3」を探し，その真下にあるD尺の目盛りを読み取る。

D尺の目盛りは……
「6」。ああっ！

フッフッフッ。そうです。それが2×3の答え。

227

滑尺を左右にスライドさせて，目盛りを読み取れば答え
が出るなんて！
不思議すぎる！

これくらいの計算なら暗算の方が早いですが，**計算の桁
数が多くなってくると，計算尺の方が圧倒的に早く計算
できるんですよ。**次は暗算じゃ大変な，うんと複雑な計
算に挑戦してみましょう！

計算尺で「36×42」を計算しよう！

次にやるのは，36 × 42 です。

**はい。
筆算でしか無理なやつですね！**

これも，**計算尺を使えば余裕**なんですよ。
手順は2×3のときとほぼ同じです。
ただし，**計算尺の中に36や42の目盛りがないので，
「3.6×4.2」とみなすのがポイントです。**

なるほど。

じゃあ，先ほどと同じようにやってみますね。
まずD尺から「3.6×4.2」の3.6を探して，C尺の左端の
1に合わせます。

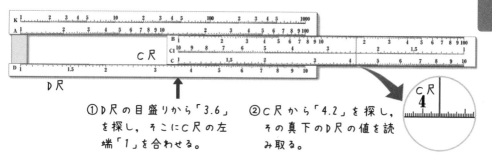

①D尺の目盛りから「3.6」
を探し，そこにC尺の左
端「1」を合わせる。

②C尺から「4.2」を探し，
その真下のD尺の値を読
み取る。

はい，合わせました！
さっきと同じやり方でいくなら，C尺の中から4.2を探し
て，その真下のD尺の値を読めば，それが答えでしたね。
……，あれ？

どうしました？

C尺の4.2の位置が，D尺からはみ出ていて，値を読み取ることができません！

計算尺じゃ，
この計算できないんですか!?

このままでは答えがいくらかわかりませんね。
このような状態を**目外れ**といいます。

エッ！　計算尺，使えないの!?

いやいや，もちろんちゃんと計算する方法はあります。
**最初にもどって，D尺の3.6をC尺の1ではなくて，
10に合わせるんです。**

1じゃなくて，10?

はい，合わせました。

あとは，C尺の4.2の位置のD尺の値を読み取るだけです。

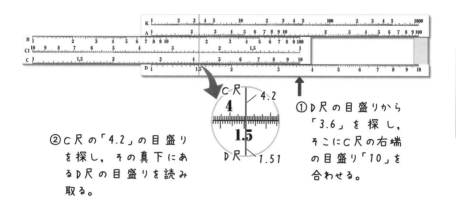

②C尺の「4.2」の目盛り
を探し、その真下にあ
るD尺の目盛りを読み
取る。

①D尺の目盛りから
「3.6」を探し、
そこにC尺の右端
の目盛り「10」を
合わせる。

えーっと、約1.51ですかね。

はい、その通りです。
この1.51に、位取りを調整するために1000をかけると、
36×42の答えが約1510と求められます。

おぉー。**目外れしたら、最初にC尺の1ではなく10に合
わせるんですね。**

ええ。ちなみに**実際の答えは1512**になります。**計算尺は手軽なんですけど，近似値を求めることが目的で，誤差が出ます。**計算尺をつくる段階での誤差や，目盛りを読み取るときの誤差があるからです。それでも，**3〜4桁くらいの計算は可能で，実用上では困ることはほとんどありませんでした。**

いやぁ，やっぱりスライドを合わせるだけでかけ算の答えがわかるって，

おもしろくて，本当に不思議です。

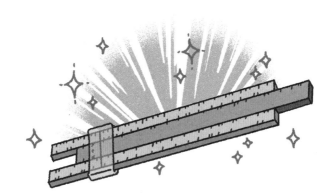

対数目盛りが計算尺のカギだった

それじゃあ，ここからは**計算尺の種明かし**をしていきましょう。

ワクワク。

一番の秘密は目盛りにあります。

あぁ，たしか変な間隔で数字が並んでいましたね。

計算尺の目盛りは，
対数目盛りなんです！

対数目盛り!?　その名前，聞き覚えがある。

2時間目で少し登場しましたね。
まず，**計算尺の目盛りは，原点が1です。**そして，**原点から各目盛りまでの距離が，10を底とする対数の値になっているんです。**

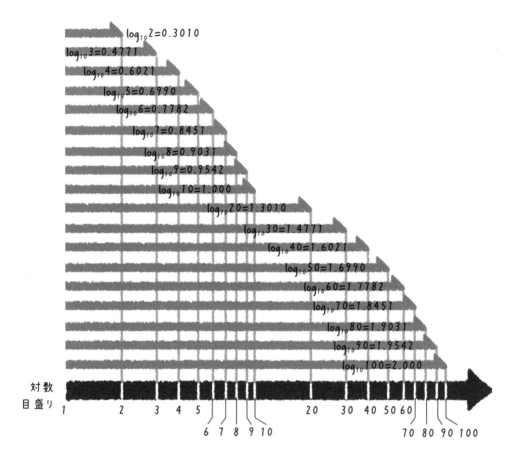

$\log_{10}2=0.3010$
$\log_{10}3=0.4771$
$\log_{10}4=0.6021$
$\log_{10}5=0.6990$
$\log_{10}6=0.7782$
$\log_{10}7=0.8451$
$\log_{10}8=0.9031$
$\log_{10}9=0.9542$
$\log_{10}10=1.000$
$\log_{10}20=1.3010$
$\log_{10}30=1.4771$
$\log_{10}40=1.6021$
$\log_{10}50=1.6990$
$\log_{10}60=1.7782$
$\log_{10}70=1.8451$
$\log_{10}80=1.9031$
$\log_{10}90=1.9542$
$\log_{10}100=2.000$

対数
目盛り
1   2   3 4 5   6 7 8 9 10   20   30 40 50 60   70 80 90 100

ど，どういうことですか？

たとえば，目盛り1（原点）から目盛り2までの距離は $\log_{10}2$（$=0.3010$）となります。
目盛り1から目盛り3までの距離は $\log_{10}3$（$=0.4771$），
目盛り1から目盛り4までの距離は $\log_{10}4$（$=0.6021$）。
というふうに目盛りが振られているんです。

なるほど，それで目盛りが等間隔ではなかったんですね。

ええ，そうなんです。
これさえ理解しておけば，
もう計算尺の原理は楽勝ですよ！

それじゃあ，**計算尺でなぜ
2×3を計算できたのか？**
それを考えてみましょう。

まずは手順をおさらいです。

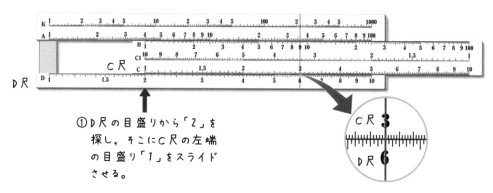

① D尺の目盛りから「2」を
探し，そこにC尺の左端
の目盛り「1」をスライド
させる。

② C尺の目盛りから「3」を
探し，その真下にあるD尺
の値を読み取る。これが答。
答は「6」

計算尺をスライドさせるだけで答えが出て，とっても不思議でした。

そうですよね。ではそのしくみを見ていきましょう。計算尺で2×3を計算するときのしくみを考えるには，底を10とする対数をとって$\log_{10}(2 \times 3)$とみなすのがポイントです。

対数にしちゃうんですか!?

ええ！
すると，この$\log_{10}(2 \times 3)$は，$\log_{10}2 + \log_{10}3$と変形できますよね。対数法則①です。

かけ算を足し算に変換！
散々やったので，ばっちしです！

いいですね！　ここで，
$$\log_{10}(2 \times 3) = \log_{10}2 + \log_{10}3 = \log_{10}\square$$
だとしましょう。すると，
$$\log_{10}(2 \times 3) = \log_{10}\square$$
ですから，2×3＝□ということになります。
計算尺は，この□にはまる数を求めることで，計算の答を導きだすんですよ。

うーん，よくわかりません。
具体的にはどういうことなんでしょうか？

では，順を追って説明しましょう。

2×3を計算するとき，まずD尺の中に，「2」の目盛りを探して，C尺の原点の「1」を合わせましたね。対数目盛りなので，**D尺の「2」の目盛りはD尺の原点「1」から$\log_{10}2$の距離にあるわけです。**

はい。

次にC尺の中に「3」の目盛りを探しました。**C尺の原点から「3」の目盛りまでの距離は$\log_{10}3$ですから，D尺の原点「1」からは$\log_{10}2 + \log_{10}3$はなれていることになります。**

238

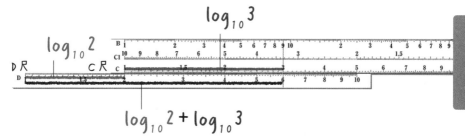

$\log_{10} 3$

$\log_{10} 2$

$\log_{10} 2 + \log_{10} 3$

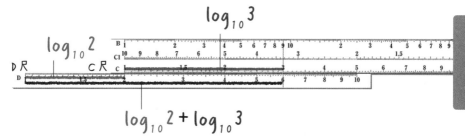

なるほど。
ここで$\log_{10} 2 + \log_{10} 3$が出てくるわけですね。

そして最後に，Ｃ尺の「3」の位置の真下にきているＤ尺の目盛りを見ると，「6」と読み取れました。
この作業が，$\log_{10} 2 + \log_{10} 3 = \log_{10} \square$の，$\square$の数を読み取る，ということなんです。
これで，$\square = 6$とわかりました。
つまり，この6が2×3の答えになるわけです。

説明を聞いてもまだ不思議な感じがします。
しかし，計算尺ってうまくできているんですねぇ。

239

計算尺の種明かし ② ── 36×42

では，36×42 の種明かしもしましょう。

はい，お願いします！
たしか1回失敗したやつですよね，外れて。

ええ。そうでしたね。
失敗したパターンもやってみましょう。
手順をおさらいします。

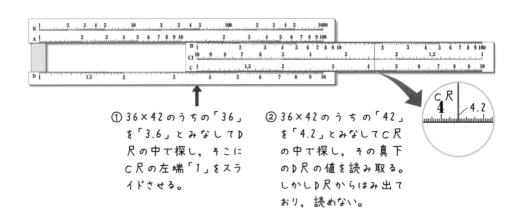

① 36×42のうちの「36」
を「3.6」とみなしてD
尺の中で探し，そこに
C尺の左端「1」をスラ
イドさせる。

② 36×42のうちの「42」
を「4.2」とみなしてC尺
の中で探し，その真下
のD尺の値を読み取る。
しかしD尺からはみ出て
おり，読めない。

240

まず, 計算尺の目盛りの範囲が 1 ～ 10 の範囲だったので, それに合わせて**36と42をそれぞれ3.6と4.2とみなしました。**

両方とも $\frac{1}{10}$ にしたんですよね。

はい。ここでも対数をとって
$\log_{10}(3.6 \times 4.2)$ で考えます。

とにかく対数！

そうです！
この式も対数法則①で
$\log_{10}3.6 + \log_{10}4.2$ と変換しましょう。

はい！
足し算に変換！

そして, ここで計算尺の出番です。先ほどの 2×3 と同じように, D尺の「3.6」にC尺の「1」を合わせます。そして, このときのC尺の「4.2」の目盛りを探します。
この操作が, $\log_{10}3.6 + \log_{10}4.2$ をやっていることになるんです。

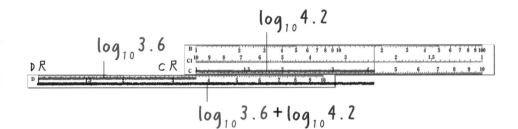

$\log_{10} 4.2$

$\log_{10} 3.6$

$\log_{10} 3.6 + \log_{10} 4.2$

でも，C尺の「4.2」の目盛りの下のD尺の値が読めないという……。

$\log_{10} 3.6 + \log_{10} 4.2$ の長さがD尺の範囲をこえてしまったからですね。これが **目外れという失敗** です。

うぅ。 あと一歩だったのに……。

残念でした！
というわけで，成功したパターンをやってみましょう。
また手順をおさらいしましょうね。

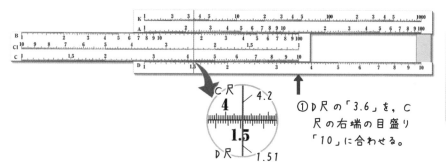

①D尺の「3.6」を，C尺の右端の目盛り「10」に合わせる。

②C尺の「4.2」の真下のD尺の値を読み取ると，「約1.51」。位取りを調整するために，1.51に1000をかける。答は「約1510」（実際は1512）。

 先ほどは**36×42を3.6×4.2とみなして失敗しました。**
今度は，さらに10で割った3.6×4.2÷10で考えるんです。

 # 10で割る？

 まず，対数をとって考えます。
$\log_{10}(3.6 \times 4.2 \div 10)$です。
これもまた変換してください。

 えっと，かけ算は足し算で，割り算は引き算だから……，
$\log_{10}(3.6 \times 4.2 \div 10)$
$= \log_{10}3.6 + \log_{10}4.2 - \log_{10}10$
です。

その通り。さらに，ちょっとこれを調整すると，
$$\log_{10}(3.6 \times 4.2 \div 10)$$
$$= \log_{10}3.6 - (\log_{10}10 - \log_{10}4.2) \cdots\cdots ①$$
と変形できます。

ふむふむ。

ここで，
$$\log_{10}(3.6 \times 4.2 \div 10)$$
$$= \log_{10}3.6 - (\log_{10}10 - \log_{10}4.2)$$
$$= \log_{10}\square \quad だとします。$$
$\log_{10}(3.6 \times 4.2 \div 10) = \log_{10}\square$なわけですから，
$3.6 \times 4.2 \div 10 = \square$。この$\square$を計算尺で求めるんです。

さっきとくらべて随分複雑です。

ともかく，計算尺が使えるように式を変形したわけです
ね。

はい。では，実際の計算尺の操作に入りましょう。
まずD尺の「3.6」の目盛りをC尺の「10」の目盛りに合
わせます。**D尺の「3.6」は，原点「1」から$\log_{10}3.6$だけ**
はなれた位置にあります。

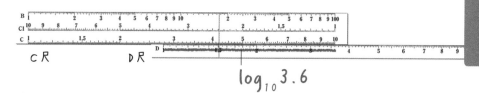

$$\log_{10} 3.6$$

OK！
赤い線の部分ですね。

さらに，C尺の中から「4.2」の目盛りを探します。
ここでC尺の「10」と「4.2」の間の距離を考えてみましょう。

次の図の濃い赤の線の部分ですね。

はい。**ここはC尺全体の長さ$\log_{10}10$から$\log_{10}4.2$を引いた値なので，$\log_{10}10 - \log_{10}4.2$となることはわかりますか？**

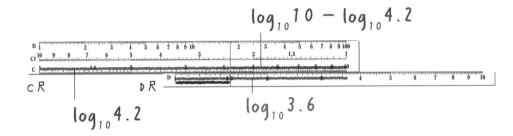

$$\log_{10} 10 - \log_{10} 4.2$$

$$\log_{10} 4.2$$

$$\log_{10} 3.6$$

 はい。濃い赤は，C尺全体から，グレーの線の$\log_{10} 4.2$を引いたもの，ってことですね？
イラストでなんとかついていっています！

 いいですね。今度は次のイラストを見ながら，**D尺上の黒い線の長さに注目してください。この線の長さは，$\log_{10} 3.6$から（$\log_{10} 10 - \log_{10} 4.2$）を引いたものにな** りますよね。

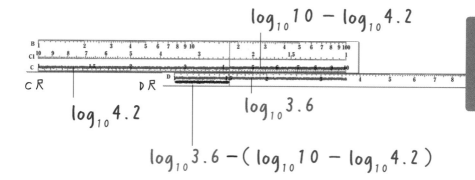

$$\log_{10}10 - \log_{10}4.2$$

$$\log_{10}4.2$$

$$\log_{10}3.6$$

$$\log_{10}3.6 - (\log_{10}10 - \log_{10}4.2)$$

 はい，薄い赤色の線から，濃い赤色の線を引く，ってこ
とですね。
あっ！　①の式と一致してる！

 そうなんです。今度はD尺から黒い線の数値（C尺の
「4.2」の目盛りの真下のD尺の目盛り）を読み取ると，お
よそ「1.51」と読み取れます。つまり**黒い線の長さは，
およそ$\log_{10}1.51$なわけです。**

 ## ふぅむ。

つまり①から，

$\log_{10}(3.6 \times 4.2 \div 10)$

$= \log_{10}3.6 - (\log_{10}10 - \log_{10}4.2)$

$\fallingdotseq \log_{10}1.51$ なわけです！

したがって，$3.6 \times 4.2 \div 10 \fallingdotseq 1.51$。

位取りを調整するために，この式の両辺に1000をかけると，$36 \times 42 \fallingdotseq 1510$であることがわかります。

うわぁー，さすがにこれは複雑でした。

たしかに原理はちょっとややこしかったかもしれません。ただ，**使い方さえ覚えておけば，計算尺でいろんな計算を一発でできるわけなんですね。**

3時間目に対数法則を学びましたね。計算尺を使うと，対数法則をC尺，D尺をスライドさせる操作におきかえることによって，かけ算を計算できるんだということをわかってもらえましたか。

計算尺は月面着陸をした**アポロ・ロケット**にも積まれていたんですよ。対数の法則にそのまま基づいていて，コンピューターなどが故障してもいざというときに使えますからね。

電卓がなかった時代は，このようなものを使っていたんですねぇ……。

計算尺は今回紹介したかけ算だけでなく，平方根の計算など，いろんな計算に使えます。インターネットなどで使い方を調べることができますから，巻末にのせたペーパークラフトで，計算尺を使った計算に挑戦してみるのもおもしろいかもしれませんね。

5

時間目

特別な数
「*e*」
を使う自然対数

STEP 1

e はこうして見つかった

便利な計算の道具，対数。その研究はさらに進み，特別な数 e
の発見へとつながります。ここでは，自然や経済を分析するうえ
で大活躍する「e」について紹介しましょう。

金利の計算から見つかった不思議な数「e」

ここまで見てきたように，
対数は便利な計算の道具でした。

はい，電卓がなかった時代には，常用対数表とか，
計算尺とか，ずいぶん活躍したんでしょうね。

ええ，対数は計算を簡略化するという点で絶大な威力を
発揮しました。そしてそれが，科学技術発展のいしずえ
となったんです。

少しややこしいですけど，
対数は本当にすごい。

対数のすごさが少しでもわかってもらえると，説明してきた甲斐があります。

さて，この本の最後である5時間目では，**対数の「その後」**を追いかけてみます。**実は対数の研究が，ある特別な数と結びつき，自然現象や経済活動を分析する際に大活躍しているんです。**

ある特別な数……?

はい。それは**ネイピア数 e** というものです。

ネイピアさんの名前ですね！
どういう数なんでしょうか？

まず「e」とはどんな数なのかを説明しましょう。
e は，2.71828182845904…… と，小数点以下が無限につづく数です。
書くのが面倒なので，e という記号を使ってこの数をあらわしています。

書くのが面倒だから，e 。
3よりもやや小さいくらいの数なんですね。

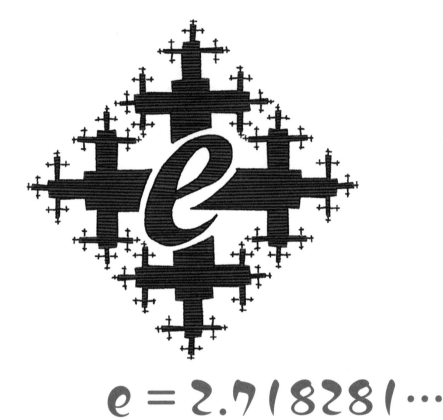

$e = 2.718281\cdots$

ええ。ちなみに語呂合わせで覚えることもできます。「フナ一羽二羽一羽二羽しごく惜しい」。

ぷっ。

この数は，**スイスの数学者ヤコブ・ベルヌーイ（1654〜1705）が，預金額を計算するなかで，最初に見出した**といわれています。

預金額？

 ええ，eは預金額を計算するための$\left(1+\dfrac{1}{n}\right)^n$という式から生まれたんです。

 み，見覚えのない数式ですが……？

 たとえば，1年ごとに元金の100％の利息が複利法でつく銀行を考えてみます。

 たいへん気前のいい銀行ですね。

 1年後の預金額は，（1＋1）倍＝2倍になります。

 はい。

では次に，先ほどの半分の**50％の利息**を，半年（$\frac{1}{2}$年）ごとに**加算する銀行**を考えてみましょう。

すると**半年後の預金額は，（1＋0.5）倍＝1.5倍**になります。さらに**1年後の預金額は，（1＋0.5）×（1＋0.5）倍＝2.25倍**になります。

1年ごとに利息が加算される銀行よりも，さらにお得！

そうなんです。ではさらに，3か月（$\frac{1}{4}$年）ごとに利息が25％（$100 \times \frac{1}{4}$）つく銀行を考えます。

3か月後の預金額は（1＋0.25）倍です。

そして1年後の預金額は，（1＋0.25）^{4}≒2.44倍となります。

利息がつくまでの期間が短くなるほど，1年後の預金額はどんどん増えそうですね。

いいところに気づきました！

ここで1年後の預金額を数式であらわしておきましょう。

$\dfrac{1}{n}$ 年ごとに元金の $\dfrac{1}{n}$ の利息がつく場合，**1年後の預金額は，$\left(1+\dfrac{1}{n}\right)^n$ 倍になります。**これが先ほどの式です。

利息がつく期間と，1年後の預金額をまとめると，次の表のようになります。

n	所定の利息がつく期間（$\dfrac{1}{n}$ 年）	利息（$\dfrac{1}{n}$ 年）	1年後の預金額 $\left(1+\dfrac{1}{n}\right)^n$
1	1年	$\dfrac{1}{1}$	2
2	半年	$\dfrac{1}{2}$	2.25
4	3か月	$\dfrac{1}{4}$	2.44140625
12	1か月	$\dfrac{1}{12}$	2.6130352902…
365	1日	$\dfrac{1}{365}$	2.7145674820…
8760	1時間	$\dfrac{1}{8760}$	2.7181266916…

やっぱり利息がつくまでの期間が短いほど、1年後の預金額は大きいんですね。でも、1日ごとと、1時間ごとにはさほど差がないような？

その通りです！

1年後の預金額 $(1 + \dfrac{1}{n})^n$ は、n が大きくなる（利息がつくまでの期間が短くなる）と、はじめはどんどん値が大きくなるんですけど、徐々に「ある数」にいきつく（収束する）のです。**そのいきつく数こそ2.718281……**

フナ１羽２羽……e ですね！

つまり、**利息が無限に短い期間でつくときに1年後の預金額が e 倍になるというわけです。これこそ、ヤコブ・ベルヌーイが発見した e なんです。**

e は数学のさまざまな場面で登場する、**超重要な数**です。

ちなみに、脱線しますが、ヤコブ・ベルヌーイに代表されるベルヌーイ家は、数学の名門一家で知られています。**3世代にわたって、12人ほどが数学と物理学で立派な業績をあげているんです。**

へぇ〜，
優秀な一家だったんですね。

 ヤコブの弟であるヨハンも数学者で，このあとに出てくるレオンハルト・オイラー（1707 〜 1783）を指導したことでも知られています。

オイラーは対数から e にたどりついた

 ヤコブ・ベルヌーイとは別に e にたどりついた人物がいます。それが，天才数学者といわれる，スイスの**レオンハルト・オイラー**です。

レオンハルト・オイラー
（1707〜1783）

ヤコブ・ベルヌーイの弟が指導したっていう人物ですね。
オイラーはどうやって e にたどりついたんですか？

彼は，対数関数の微分との関係で e を考えたんです。

対数関数？　微分？
どういうことですか？

じゃあまず，対数関数の微分について説明しましょう。
対数関数というのは2時間目にやりましたよね。
$y = \log_2 x$ とか，$y = \log_{10} x$ などの関係式のことです。
たとえば，$y = \log_{10} x$ の真数部分 x に 100 を入れると，
y は 2 と決まります。このように対数によって，x から y
が決まるとき，y を x の対数関数とよびます。

対数関数のイメージ

$$x = 100 \implies \boxed{y = \log_{10} x} \implies y = 2$$
$$x = 1000 \implies \qquad\qquad\qquad \implies y = 3$$

 はい，**対数関数**，覚えています。

 そして，**「微分」とは，簡単にいうと，ある関数のグラフの，接線の傾きを求めることです。**
「接線」とは，ざっくりいうと，グラフに1点で接する線のことです。

 以前習った記憶がよみがえってきました。

 具体例を見てみましょう。
対数関数 $y = \log_a x$ のグラフと3本の接線をえがきました。
なお，a は1より大きな数とします。a が1より小さいプラスの数でも同じように考えられますが，省略します。

262

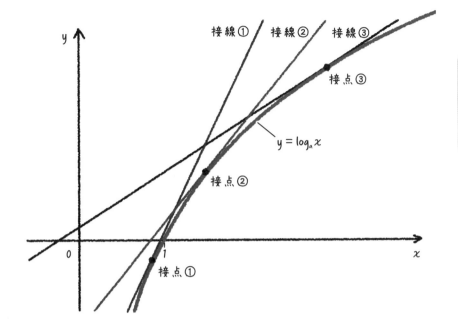

 3本の接線は，$y = \log_a x$ と接する場所（接点）によって，傾き具合がちがいますよね。

 はい。接線①がもっとも急で，接線③がもっともなだらかです。

 そうですね。ここで直線の傾きというのは，
y の変化量 $\div$ x の変化量で求められます。

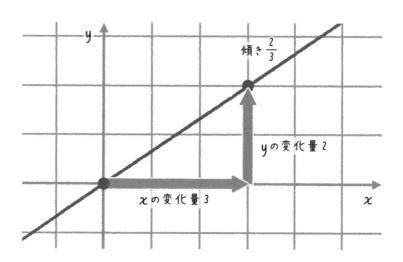

傾き $\dfrac{2}{3}$

yの変化量 2

xの変化量 3

そして，$y = \log_a x$を微分すると，接線の傾きの値が，接点によってどのように移り変わるのかを知ることができます。

ちょっとむずかしい言葉でいうと，ある関数を微分すると，その関数のグラフの接線の傾きの移り変わりをあらわす，新たな関数を求めることができるんです。

うーん，むずかしいですが……，
微分は接線の傾きを知るための
手法，ということですね。

264

ええ，それをおさえておけば大丈夫。
微分は，物事の変化を調べるための超重要な道具で，数学をはじめ自然科学の世界では，なくてはならないものなんです！

そ，それでその微分と e が，どのように関係しているんですか？

それでは，オイラーの e の発見の話にもどりましょう。

オイラーは，**対数関数 $y = \log_a x$ の微分**を考えました。

くわしい説明はしませんが，$y = \log_a x$ を微分すると，次のような式が得られたんです。

【$y = \log_a x$ を微分した式】

$$= \frac{1}{x \log_e a}$$

複雑な式ですね。

でも，ここに e があらわれていますね。そう，
2.71828……です。

すっごーい！
ベルヌーイとはまったくちがうやり方で，オイラーは e
にたどり着いたわけですね。

すごいでしょう。
というわけで，たとえば $y = \log_{10} x$ を微分する
と，$\dfrac{1}{x \log_e 10}$ という結果が得られます。
そして $y = \log_2 x$ を微分すると，$\dfrac{1}{x \log_e 2}$ という結
果が得られるわけです。

e を底とする自然対数とは

対数関数を微分すると，**ネイピア数 e** が登場すること
がわかりました。

ちょっとここで，$y = \log_e x$ という対数関数の**微分**を
考えてみてください。先ほどの $y = \log_a x$ の底の a が e に
なっただけです。

えーっと，さっきの式を使うと，$y = \log_e x$ を微分した式は $\dfrac{1}{x \log_e e}$ になると思います。

その通りです。

でも，$\log_e e$ はもう少しシンプルにできますよね。

あぁ，e を何回かけ算すれば e になるかという対数なので，値は1ですね。ということは，先ほどの微分した式は単に $\dfrac{1}{x}$ になりますね！

そうなんです。
$y = \log_e x$ を微分すると，$\dfrac{1}{x}$ になります。

ポイント！

$$【y = \log_e x を微分した式】= \frac{1}{x}$$

つまり，$y = \log_e x$ のグラフの接線の傾きは，$\dfrac{1}{x}$ になるんです。

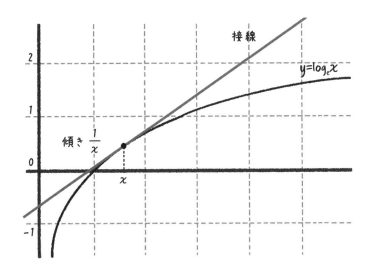

 めちゃくちゃシンプル！

 こんなふうに，微分の結果がシンプルになると，いろんな計算を行う上で非常に都合がいいんですね。
ですので，**対数の底には e がとてもよく用いられるんです。** e を底とする対数のことを**自然対数**といいます。

 しぜんたいすう……。

はい。**log2のように底を書かないこともあって，そういうときは一般に底が e であることを示しています。**それくらい，底を e にした自然対数は頻繁に使われるんです。また，ネイピア数 e のことを**自然対数の底**ということもあります。どちらも同じ数のことをいっていますので，覚えておいてください。

はい。ところで，**ネイピア数って，なぜ「e」なんですか？**
ネイピアさんなら n じゃないんですか？

「e」の記号は，**オイラー（Euler）**の名前に由来しているといわれています。e の重要性に気づいたのは彼ですからね。

ネイピア数，名前と記号がちぐはぐ……。

まぁまぁ。
本題にもどりましょう。
今は対数関数の微分について考えましたが，e を使った指数関数 $y = e^x$ の微分もおもしろい結果になるんですよ。

いったいどうなるんでしょう？

$y = e^x$ を微分すると，e^x になるんです。つまり，微分しても変化しないんですよ。

 え？　不思議……。

 こんなふうに，e や自然対数を使うとさまざまな計算が簡単になることから，自然現象や経済活動を数学的に分析する際にたびたび登場します。**単なる計算ツールとして生まれた対数は，特別な数「e」と結びついて，人類の知の冒険を飛躍的に前進させたといえるでしょうね。**

自然界に見られる e

具体的に, どんな場面で e はあらわれるんでしょうか?

それでは, 身近な例を二つ紹介しましょう。
まず一つ目は, **熱いお湯やコーヒーなどが冷める
ときの温度変化をあらわす式**です。

コーヒー, 毎朝飲んでいます!

熱いコーヒーって, 時間をおくとどんどん冷めていきま
すよね。その**温度と時間の関係式に e が登場するんです。**

ほぉ。

はじめのコーヒーの温度を T_0,
周囲の温度を T_s とすると,
時間 t が経ったときのコーヒーの温度は, r をあるプラス
の数として一般的に $T_s + (T_0 - T_s) e^{-rt}$
という式であらわされるんです。下のグラフは, $T_s =$
20℃, $T_0 = 80$℃の場合です。

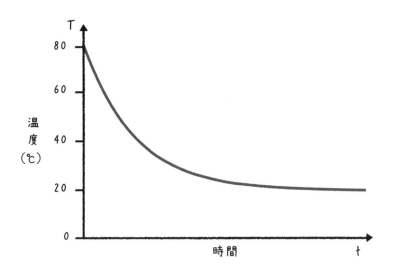

びっくりです！

毎朝飲んでるコーヒーと e が結びついていたなんて。

二つ目の例は，**カタツムリやオウムガイなどの殻に見られるらせん模様**です。

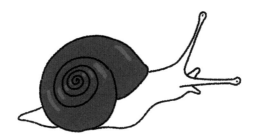

えっ！　カタツムリも!?

そうなんです。カタツムリなどのらせんは，「**対数らせん**」とよばれていて，**中心から外側にむかってらせんの幅が大きくなっていきます。** くわしい説明はしませんが，この対数らせんも e の入った方程式であらわされます。

やっぱり *e* だ！

 この式は，**牛や羊の角**，それから**台風の渦**にも当てはまるようですよ。

 ## 動物の角にまで !?

 ほかにも，*e* を用いた公式や法則は本当にたくさんあります。**eは自然を理解するためにも，欠かせないものなんですよ。**

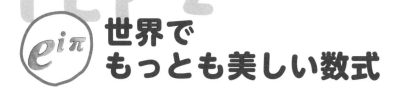

世界でもっとも美しい数式

「e」は，虚数単位「i」を仲立ちとして指数関数と三角関数を結びつけます。e を使った重要公式「オイラーの公式」，そして世界で最も美しい「オイラーの等式」を紹介しましょう。

オイラーが発見した e を使ったすごい数式

eを見出したオイラーは，この e を使った大きな業績を残しています。それが**オイラーの公式**とよばれるものです。

オイラーの公式

$$e^{ix} = \cos x + i \sin x$$

どひゃー。
eしかわかんない！

この公式は，たとえば自然界の波について調べるときに非常に重宝される公式です。

 波，ですか……？
水面とかにできる？

 身のまわりには，たくさんの種類の"波"があるんですよ。
たとえば，音は**空気の振動**が波として伝わる現象です。
それから光や，スマホの通信に使われる電波も**電磁波**という波です。

 僕たちは波の中で暮らしているようなものなんですね。

ええ，そうなんです。そういった波を分析したり，あつかったりするときに，このオイラーの公式が欠かせないんです。

アメリカの著名な物理学者のリチャード・ファインマン（1918 ～ 1988）は，オイラーの公式を「This is our jewel」（人類の至宝）と言ったとか。 とにかくオイラーの時代から，美しく，しかも重要な式として使われてきました。

人類の至宝！

それでは，オイラーの公式の登場人物を紹介しましょう。まず「e」。これは，ネイピア数ですね。

はい，さっき習ったフナ1羽2羽の。

次に「i」。これは**虚数単位**というものです。

きょすうたんい？

ええ。**虚数単位はいわゆる普通の数とは少しちがいます。** 普通の数の場合，プラスの数であっても，マイナスの数であっても，どんな数も2乗すると必ずプラスになりますよね。

$3^2 = 9$，$(-4)^2 = 16$，といった具合です。

はい，当然です。

 一方，**虚数単位 i を2乗すると－1になるんです。**
$i^2 = -1$ なんです。

 うぇっ！
二乗するとマイナスになる！？
そんなのありなんですか？

i は，そんな不思議なやつなんです。

常識がひっくりかえされました……。

 ふふふ。

次は，$\cos x$ と $\sin x$。この二つはくわしくは解説しませんが，**三角関数**とよばれるものです。三角関数は直角三角形の角度と辺の関係から発展してきたものです。でも，ここでは **$\cos x$** や **$\sin x$** のグラフが下のような曲線をえがく，ということだけおぼえておいてもらえれば大丈夫です。

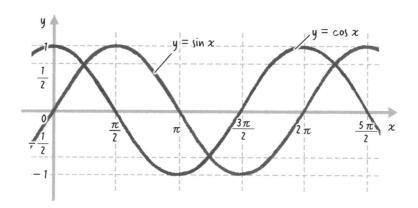

お，ここで波が登場するんですね。

 そうなんです。三角関数というのは，波や振動現象をあつかうために必須の道具です。でも三角関数はあつかいが少し面倒な関数でもあるんです。

 面倒くさいやつらなんですね。

 一方，$y = e^x$ のような指数関数は，あつかいが比較的簡単です。**そのため，三角関数の計算のかわりに，オイラーの公式を使って指数関数で計算すれば，簡単になる場合がたくさんあるんです。**波や振動に関わる科学者や技術者は，あたりまえのようにオイラーの公式を使って，ラクに答えを出しているんですよ。

ラクに答えを……。

こんなすごい公式を，オイラーさんはどうやって思いつ
いたんでしょう？

じゃあ，オイラーがどのようにオイラーの公式にたどり
着いたのかを簡単に解説していきましょう。

はい，お願いします。

若き日のオイラーは，「無限級数」について熱心に研究
していました。

むげんきゅうすう？

ええ。無限級数というのは，ざっと言うと1^2，2^2，3^2，
4^2，5^2……，のように，ある規則をもって無限につづく
数の列をすべて足し合わせたもののことです。
無限個の数や関数の足し合わせは，有限個の足し合わせ
とはちがって，キチンと考えないといけません。有限個
の場合と同じように計算すると，ヘンテコなことがおき
ることもあるためです。でもくわしく説明すると大変な
ので，ここでは有限個のものを足し合わせるのと同じよ
うなやり方で計算します。オイラーもここで説明するよ
うな考え方をしていたようです。
さて，オイラーは，指数関数e^xや$\sin x$，$\cos x$が，無
限級数であらわせることを発見したんです。

指数関数や三角関数を，無限級数であらわすと，どうなるんですか？

 次のようになります。

指数関数 e^x

$$= 1 + \frac{x}{1!} + \frac{x^2}{2!} + \frac{x^3}{3!} + \frac{x^4}{4!} + \cdots$$

三角関数 $\sin x$

$$= \frac{x}{1!} - \frac{x^3}{3!} + \frac{x^5}{5!} - \frac{x^7}{7!} + \cdots$$

三角関数 $\cos x$

$$= 1 - \frac{x^2}{2!} + \frac{x^4}{4!} - \frac{x^6}{6!} + \frac{x^8}{8!} - \cdots$$

 ## 式の中に「！」があるんですけど。
数を強調したいんですか？

あぁ、説明していませんでしたね。「！」は、数学の記号です。3! ＝ 1 × 2 × 3、5! ＝ 1 × 2 × 3 × 4 × 5 のように、**「！」は 1 から「！」のついた数までの整数のかけ算をあらわします。**

へぇー。数学ではそんな使い方されてるんですね。

それでは、本題にもどりましょう。

先ほどのように、e^x も、$\sin x$ も $\cos x$ もすべて無限級数であらわせました。ここで、e^x の x に ix を入れたものを計算してみましょう。$i^2 = -1$、$i^3 = -i$、$i^4 = 1$ などを使って計算すると次のようになります。

指数関数 e^x の x に「ix（虚数倍した x）」を代入する

$$e^{ix} = 1 + \frac{ix}{1!} + \frac{(ix)^2}{2!} + \frac{(ix)^3}{3!} + \frac{(ix)^4}{4!} + \frac{(ix)^5}{5!} + \cdots$$

$$= 1 + \frac{ix}{1!} - \frac{x^2}{2!} - \frac{ix^3}{3!} + \frac{x^4}{4!} + \frac{ix^5}{5!} + \cdots$$

$$= \left(1 - \frac{x^2}{2!} + \frac{x^4}{4!} + \cdots \right)$$

$$+ i \left(\frac{x}{1!} - \frac{x^3}{3!} + \frac{x^5}{5!} + \cdots \right)$$

先ほどの **sin x**，**cos x** と見くらべると，
何か気づきませんか？

えーっと，あっ！
グレーの部分は **cos x** と同じになります。そして，赤い部
分も **sin x** と同じになります。

そうなんです。
グレーの部分は **cos x** と同じ，赤い部分は **sin x** と同じ。
つまり，$e^{ix} = \cos x + i \sin x$ となるんです。
このオイラーの公式は，指数関数と三角関数という生ま
れもグラフの形もまったくことなるものどうしを，*i* をか
け橋にして結びつけているわけですね。

なんだか壮大なストーリーですね。
オイラーさん，天才ですね。

そうですね。
ところで，ノイズキャンセリング・ヘッドホンっ
て使ったことありませんか？

 えっ，ああ，もってますよ。
音楽に集中できていいですよ〜。

 ノイズキャンセリング・ヘッドホンは，周囲の騒音をヘッドホン自身が測定し，騒音とは反対の波形をもつ信号を瞬時に内部に発生させて，騒音を打ち消しているんです。

うわっ，すごいしくみですね！

このノイズキャンセリング・ヘッドホンの中で，測定された騒音がどのような波形をしているのかを分析する際に，オイラーの公式を基礎とした数学が利用されているんですよ。

身近なところでも，オイラーさんの恩恵にあずかっていたわけですね。

オイラーがたどりついた世界一美しい数式

さて，オイラーの公式から別の重要な等式が出てきます。

えっ，まだあるんですか？

ええ。それが，世界一美しいともいわれる数式，「オイラーの等式」です。

世界一美しい数式!?

そう，気になるでしょう？
その等式は，先ほどのオイラーの公式の x に円周率 π を代入することで導き出すことができるんです。
お見せしましょう。

$$e^{ix} = \cos x + i \sin x$$

$x = \pi$ を代入する

$$e^{i\pi} = \cos \pi + i \sin \pi$$

三角関数について全然解説していないので，ここでは値だけを教えることになりますが，$\cos \pi = -1$，$\sin \pi = 0$ となるんです。これは280ページのグラフからも見てとれるでしょう。
これを上の式に代入して整理すると，次のようになります。

$$e^{i\pi} = \cos\pi + i\sin\pi$$

$\cos\pi = -1$, $\sin\pi = 0$を代入

$$e^{i\pi} = -1$$

$$e^{i\pi} + 1 = 0$$

 はい，これが，**オイラーの等式**です。

オイラーの等式

$$e^{i\pi} + 1 = 0$$

……ゼロ？

はい。**このオイラーの等式は，自然数の1，円周率のπ，虚数単位のi，ネイピア数のeという生まれがまったくちがう数の間に，かくれた関係性があることを明らかにしました。**
この，不思議で神秘的ともいえる関係性に，科学者や数学者の多くが，"美しさ"を感じていたのです。

円周率πやe，iが同じ一つの式に簡潔に結びつけられるなんて……。

神秘的ですよね。

先生，計算ツールとしての指数・対数の話から，対数から発展してきたeの話，そして世界一美しい数式……。
すごい数学体験でした。
対数は，はじめはややこしいやつだなと思っていましたけど，実はものすごく便利で，すごいやつだってことがわかりました。

ええ，指数や対数はなかなか私たちの生活の中で，はっきりと顔を見せることは少ないですけど，**実は現代社会を影で支えているすごいやつらなんです。**

よくわかりました！
先生，どうもありがとうございました！

数学者の王者, レオンハルト・オイラー

レオンハルト・オイラーは，1707年にスイスのバーゼル
で生まれました。父はプロテスタントの牧師でした。父はオ
イラーが牧師になることを望んでいたため，オイラーは神学
とヘブライ語を勉強しました。

ベルヌーイ家のおかげで数学者の道に

バーゼル大学でオイラーに数学を教えたのは，ヨハン・ベ
ルヌーイ（1667 ～ 1748）でした。ヨハンの息子は，数学者
となるニコラウス・ベルヌーイ（1695 ～ 1726）およびダニ
エル・ベルヌーイ（1700 ～ 1782）であり，彼ら兄弟とオイ
ラーは大の仲良しになりました。オイラーの父は，オイラー
に牧師になる道を選ぶように忠告しましたが，ベルヌーイ家
の人々はオイラーの父に，オイラーが大数学者となる運命に
あると説き，父もついに説得に応じました。

当時のヨーロッパでは学問の中心は大学ではなく，王の援
助する王立アカデミーにありました。ベルヌーイ兄弟は，
1725年からロシアのペテルブルグ科学アカデミーの数学教
授をしており，そこへオイラーを招きました。1727年に，
オイラーはペテルブルグへ着き，ダニエル・ベルヌーイのは
からいで数学部のポストを得ました。

失明してもなお研究をつづけた

1735年ころ，オイラーは，右目の視力をなくしました。
さらに左目も1770年ごろには失明しました。しかし，オイ

ラーは両目の視力を失ってもなお研究をつづけました。

　オイラーの仕事は多方面にわたっていました。代数，三角法，微分積分学などさまざまな分野で活躍しました。また，オイラーは「位相幾何学（トポロジー）」とよばれる学問の創始者となりました。オイラーは，数学史上で比類のない数学的な力量をもち，手紙を書くくらいにすらすらと偉大な論文を書きつづけました。また，微分積分学などの分野で，それまでの知識をまとめた教科書も執筆しました。そのようなスタイルは今も大学教科書の模範となっています。さらに，eやπなど，今使われている数学の記号もオイラーに由来するものが数多くあります。その業績の多さからオイラーは「数学者の王者」との異名でよばれることもあります。

　オイラーの膨大な著作をおさめた全集の第1巻が1911年に刊行されました。オイラーの業績があまりにも多すぎて現在も刊行中で，未だ未完結です。

$e^{i\pi}+1=0$

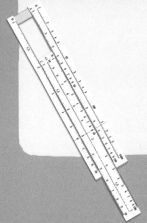

計算尺
をつくってみよう！

ペーパークラフトで計算尺をつくって，
実際に計算に使ってみましょう！
右のページをコピーして使ってください。

【 材料と道具 】
・右のページをコピーしたもの　・のり　・定規　・カッター

【 つくり方 】

1. 「固定尺」，「滑尺」，「帯1」，「帯2」，「カーソル」を，カッターと定規を使ってきれいに切り抜きます。

2. 「固定尺」の上下にある細長い長方形を切り抜きます。

3. 「滑尺」の両脇に帯1と帯2をのり付けします（帯1と帯2の区別はありません）。

4. 帯をはり合わせた滑尺の両側を，2.でつくった固定尺の穴に通します。このとき，固定尺と滑尺の数字の上下が，同じ向きになるよう注意します。

5. 「カーソル」を黒い線で山折りにし，輪になるようにのり付けします。カーソルは上下に並んだ数を読むためのものです。

6. 固定尺と滑尺を，輪っか状のカーソルに通せば完成です！滑尺を動かすと，2章や4章で見た，かけ算ができます。また，割り算や累乗を計算することもできます。本書ではかけ算以外の計算方法は解説していませんので，もっと知りたい方は本やインターネットで計算尺の使い方を調べてみてください。

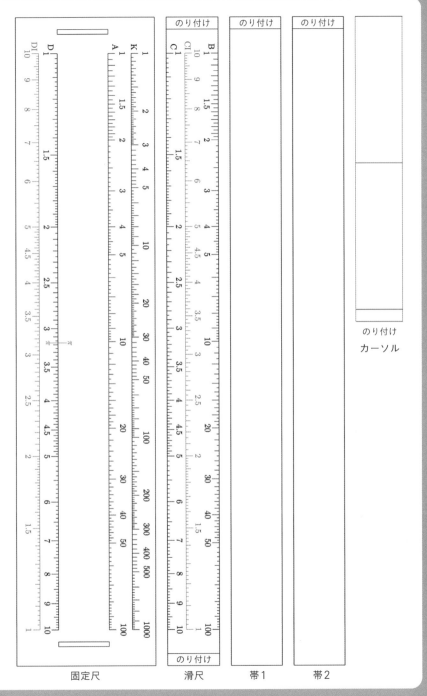

のり付け　のり付け　のり付け

のり付け

カーソル

固定尺　　　滑尺　　　帯1　　　帯2

出典：「普通の計算尺をつくろう／ペーパークラフト」（国立研究開発法人産業技術総合研究所　富永大介博士）
（https://staff.aist.go.jp/tominaga-daisuke/sliderule/rectilinear/index.html）

指数と対数の 法則集

（$a > 0$，$a \neq 1$ のとき）

$$y = a^x$$

↑底　↑指数

指数法則（$a > 0$，$b > 0$ で，p と q が有理数〔整数の分数であらわせる数〕のとき）

① $a^p \times a^q = a^{p+q}$

$2^3 \times 2^4 = 8 \times 16 = 128$　　$2^{3+4} = 2^7 = 128$

② $(a^p)^q = a^{pq}$

$(3^3)^2 = 27^2 = 729$　　$3^{3 \times 2} = 3^6 = 729$

③ $(ab)^p = a^p \times b^p$

$(3 \times 4)^2 = 12^2 = 144$　　$3^2 \times 4^2 = 9 \times 16 = 144$

対数関数

（ $a > 0$, $a \neq 1$, $x > 0$ のとき）

$$y = \log_a x$$

↑底 ↑真数

$\log_a x$ のことを「a を底とする x の対数」といいます。

対数の性質 （$a > 0$, $a \neq 1$, $M > 0$, $N > 0$ で r が実数のとき）

① $$\log_a MN = \log_a M + \log_a N$$

$\log_2 (4 \times 32) = \log_2 128 = 7$　　$\log_2 4 + \log_2 32 = 2 + 5 = 7$

· ·

② $$\log_a \left(\frac{M}{N} \right) = \log_a M - \log_a N$$

$\log_3 \dfrac{9}{3} = \log_3 3 = 1$　　$\log_3 9 - \log_3 3 = 2 - 1 = 1$

· ·

③ $$\log_a M^k = k \log_a M$$

$\log_{10} 10^2 = \log_{10} 100 = 2$　　$2 \log_{10} 10 = 2 \times 1 = 2$

対数の "魔法の道具"
常用対数表

数	0	1	2	3	4	5	6	7	8	9
1.0	0.0000	0.0043	0.0086	0.0128	0.0170	0.0212	0.0253	0.0294	0.0334	0.0374
1.1	0.0414	0.0453	0.0492	0.0531	0.0569	0.0607	0.0645	0.0682	0.0719	0.0755
1.2	0.0792	0.0828	0.0864	0.0899	0.0934	0.0969	0.1004	0.1038	0.1072	0.1106
1.3	0.1139	0.1173	0.1206	0.1239	0.1271	0.1303	0.1335	0.1367	0.1399	0.1430
1.4	0.1461	0.1492	0.1523	0.1553	0.1584	0.1614	0.1644	0.1673	0.1703	0.1732
1.5	0.1761	0.1790	0.1818	0.1847	0.1875	0.1903	0.1931	0.1959	0.1987	0.2014
1.6	0.2041	0.2068	0.2095	0.2122	0.2148	0.2175	0.2201	0.2227	0.2253	0.2279
1.7	0.2304	0.2330	0.2355	0.2380	0.2405	0.2430	0.2455	0.2480	0.2504	0.2529
1.8	0.2553	0.2577	0.2601	0.2625	0.2648	0.2672	0.2695	0.2718	0.2742	0.2765
1.9	0.2788	0.2810	0.2833	0.2856	0.2878	0.2900	0.2923	0.2945	0.2967	0.2989
2.0	0.3010	0.3032	0.3054	0.3075	0.3096	0.3118	0.3139	0.3160	0.3181	0.3201
2.1	0.3222	0.3243	0.3263	0.3284	0.3304	0.3324	0.3345	0.3365	0.3385	0.3404
2.2	0.3424	0.3444	0.3464	0.3483	0.3502	0.3522	0.3541	0.3560	0.3579	0.3598
2.3	0.3617	0.3636	0.3655	0.3674	0.3692	0.3711	0.3729	0.3747	0.3766	0.3784
2.4	0.3802	0.3820	0.3838	0.3856	0.3874	0.3892	0.3909	0.3927	0.3945	0.3962
2.5	0.3979	0.3997	0.4014	0.4031	0.4048	0.4065	0.4082	0.4099	0.4116	0.4133
2.6	0.4150	0.4166	0.4183	0.4200	0.4216	0.4232	0.4249	0.4265	0.4281	0.4298
2.7	0.4314	0.4330	0.4346	0.4362	0.4378	0.4393	0.4409	0.4425	0.4440	0.4456
2.8	0.4472	0.4487	0.4502	0.4518	0.4533	0.4548	0.4564	0.4579	0.4594	0.4609
2.9	0.4624	0.4639	0.4654	0.4669	0.4683	0.4698	0.4713	0.4728	0.4742	0.4757
3.0	0.4771	0.4786	0.4800	0.4814	0.4829	0.4843	0.4857	0.4871	0.4886	0.4900
3.1	0.4914	0.4928	0.4942	0.4955	0.4969	0.4983	0.4997	0.5011	0.5024	0.5038
3.2	0.5051	0.5065	0.5079	0.5092	0.5105	0.5119	0.5132	0.5145	0.5159	0.5172
3.3	0.5185	0.5198	0.5211	0.5224	0.5237	0.5250	0.5263	0.5276	0.5289	0.5302
3.4	0.5315	0.5328	0.5340	0.5353	0.5366	0.5378	0.5391	0.5403	0.5416	0.5428
3.5	0.5441	0.5453	0.5465	0.5478	0.5490	0.5502	0.5514	0.5527	0.5539	0.5551
3.6	0.5563	0.5575	0.5587	0.5599	0.5611	0.5623	0.5635	0.5647	0.5658	0.5670
3.7	0.5682	0.5694	0.5705	0.5717	0.5729	0.5740	0.5752	0.5763	0.5775	0.5786
3.8	0.5798	0.5809	0.5821	0.5832	0.5843	0.5855	0.5866	0.5877	0.5888	0.5899
3.9	0.5911	0.5922	0.5933	0.5944	0.5955	0.5966	0.5977	0.5988	0.5999	0.6010
4.0	0.6021	0.6031	0.6042	0.6053	0.6064	0.6075	0.6085	0.6096	0.6107	0.6117
4.1	0.6128	0.6138	0.6149	0.6160	0.6170	0.6180	0.6191	0.6201	0.6212	0.6222
4.2	0.6232	0.6243	0.6253	0.6263	0.6274	0.6284	0.6294	0.6304	0.6314	0.6325
4.3	0.6335	0.6345	0.6355	0.6365	0.6375	0.6385	0.6395	0.6405	0.6415	0.6425
4.4	0.6435	0.6444	0.6454	0.6464	0.6474	0.6484	0.6493	0.6503	0.6513	0.6522
4.5	0.6532	0.6542	0.6551	0.6561	0.6571	0.6580	0.6590	0.6599	0.6609	0.6618
4.6	0.6628	0.6637	0.6646	0.6656	0.6665	0.6675	0.6684	0.6693	0.6702	0.6712
4.7	0.6721	0.6730	0.6739	0.6749	0.6758	0.6767	0.6776	0.6785	0.6794	0.6803
4.8	0.6812	0.6821	0.6830	0.6839	0.6848	0.6857	0.6866	0.6875	0.6884	0.6893
4.9	0.6902	0.6911	0.6920	0.6928	0.6937	0.6946	0.6955	0.6964	0.6972	0.6981
5.0	0.6990	0.6998	0.7007	0.7016	0.7024	0.7033	0.7042	0.7050	0.7059	0.7067

数	0	1	2	3	4	5	6	7	8	9
5.1	0.7076	0.7084	0.7093	0.7101	0.7110	0.7118	0.7126	0.7135	0.7143	0.7152
5.2	0.7160	0.7168	0.7177	0.7185	0.7193	0.7202	0.7210	0.7218	0.7226	0.7235
5.3	0.7243	0.7251	0.7259	0.7267	0.7275	0.7284	0.7292	0.7300	0.7308	0.7316
5.4	0.7324	0.7332	0.7340	0.7348	0.7356	0.7364	0.7372	0.7380	0.7388	0.7396
5.5	0.7404	0.7412	0.7419	0.7427	0.7435	0.7443	0.7451	0.7459	0.7466	0.7474
5.6	0.7482	0.7490	0.7497	0.7505	0.7513	0.7520	0.7528	0.7536	0.7543	0.7551
5.7	0.7559	0.7566	0.7574	0.7582	0.7589	0.7597	0.7604	0.7612	0.7619	0.7627
5.8	0.7634	0.7642	0.7649	0.7657	0.7664	0.7672	0.7679	0.7686	0.7694	0.7701
5.9	0.7709	0.7716	0.7723	0.7731	0.7738	0.7745	0.7752	0.7760	0.7767	0.7774
6.0	0.7782	0.7789	0.7796	0.7803	0.7810	0.7818	0.7825	0.7832	0.7839	0.7846
6.1	0.7853	0.7860	0.7868	0.7875	0.7882	0.7889	0.7896	0.7903	0.7910	0.7917
6.2	0.7924	0.7931	0.7938	0.7945	0.7952	0.7959	0.7966	0.7973	0.7980	0.7987
6.3	0.7993	0.8000	0.8007	0.8014	0.8021	0.8028	0.8035	0.8041	0.8048	0.8055
6.4	0.8062	0.8069	0.8075	0.8082	0.8089	0.8096	0.8102	0.8109	0.8116	0.8122
6.5	0.8129	0.8136	0.8142	0.8149	0.8156	0.8162	0.8169	0.8176	0.8182	0.8189
6.6	0.8195	0.8202	0.8209	0.8215	0.8222	0.8228	0.8235	0.8241	0.8248	0.8254
6.7	0.8261	0.8267	0.8274	0.8280	0.8287	0.8293	0.8299	0.8306	0.8312	0.8319
6.8	0.8325	0.8331	0.8338	0.8344	0.8351	0.8357	0.8363	0.8370	0.8376	0.8382
6.9	0.8388	0.8395	0.8401	0.8407	0.8414	0.8420	0.8426	0.8432	0.8439	0.8445
7.0	0.8451	0.8457	0.8463	0.8470	0.8476	0.8482	0.8488	0.8494	0.8500	0.8506
7.1	0.8513	0.8519	0.8525	0.8531	0.8537	0.8543	0.8549	0.8555	0.8561	0.8567
7.2	0.8573	0.8579	0.8585	0.8591	0.8597	0.8603	0.8609	0.8615	0.8621	0.8627
7.3	0.8633	0.8639	0.8645	0.8651	0.8657	0.8663	0.8669	0.8675	0.8681	0.8686
7.4	0.8692	0.8698	0.8704	0.8710	0.8716	0.8722	0.8727	0.8733	0.8739	0.8745
7.5	0.8751	0.8756	0.8762	0.8768	0.8774	0.8779	0.8785	0.8791	0.8797	0.8802
7.6	0.8808	0.8814	0.8820	0.8825	0.8831	0.8837	0.8842	0.8848	0.8854	0.8859
7.7	0.8865	0.8871	0.8876	0.8882	0.8887	0.8893	0.8899	0.8904	0.8910	0.8915
7.8	0.8921	0.8927	0.8932	0.8938	0.8943	0.8949	0.8954	0.8960	0.8965	0.8971
7.9	0.8976	0.8982	0.8987	0.8993	0.8998	0.9004	0.9009	0.9015	0.9020	0.9025
8.0	0.9031	0.9036	0.9042	0.9047	0.9053	0.9058	0.9063	0.9069	0.9074	0.9079
8.1	0.9085	0.9090	0.9096	0.9101	0.9106	0.9112	0.9117	0.9122	0.9128	0.9133
8.2	0.9138	0.9143	0.9149	0.9154	0.9159	0.9165	0.9170	0.9175	0.9180	0.9186
8.3	0.9191	0.9196	0.9201	0.9206	0.9212	0.9217	0.9222	0.9227	0.9232	0.9238
8.4	0.9243	0.9248	0.9253	0.9258	0.9263	0.9269	0.9274	0.9279	0.9284	0.9289
8.5	0.9294	0.9299	0.9304	0.9309	0.9315	0.9320	0.9325	0.9330	0.9335	0.9340
8.6	0.9345	0.9350	0.9355	0.9360	0.9365	0.9370	0.9375	0.9380	0.9385	0.9390
8.7	0.9395	0.9400	0.9405	0.9410	0.9415	0.9420	0.9425	0.9430	0.9435	0.9440
8.8	0.9445	0.9450	0.9455	0.9460	0.9465	0.9469	0.9474	0.9479	0.9484	0.9489
8.9	0.9494	0.9499	0.9504	0.9509	0.9513	0.9518	0.9523	0.9528	0.9533	0.9538
9.0	0.9542	0.9547	0.9552	0.9557	0.9562	0.9566	0.9571	0.9576	0.9581	0.9586
9.1	0.9590	0.9595	0.9600	0.9605	0.9609	0.9614	0.9619	0.9624	0.9628	0.9633
9.2	0.9638	0.9643	0.9647	0.9652	0.9657	0.9661	0.9666	0.9671	0.9675	0.9680
9.3	0.9685	0.9689	0.9694	0.9699	0.9703	0.9708	0.9713	0.9717	0.9722	0.9727
9.4	0.9731	0.9736	0.9741	0.9745	0.9750	0.9754	0.9759	0.9763	0.9768	0.9773
9.5	0.9777	0.9782	0.9786	0.9791	0.9795	0.9800	0.9805	0.9809	0.9814	0.9818
9.6	0.9823	0.9827	0.9832	0.9836	0.9841	0.9845	0.9850	0.9854	0.9859	0.9863
9.7	0.9868	0.9872	0.9877	0.9881	0.9886	0.9890	0.9894	0.9899	0.9903	0.9908
9.8	0.9912	0.9917	0.9921	0.9926	0.9930	0.9934	0.9939	0.9943	0.9948	0.9952
9.9	0.9956	0.9961	0.9965	0.9969	0.9974	0.9978	0.9983	0.9987	0.9991	0.9996

索引

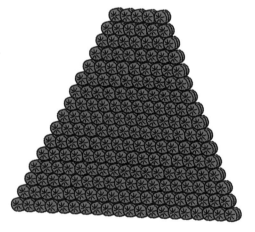

東京大学の先生伝授

文系のための めっちゃやさしい
超ひも理論

2021 年 3 月上旬発売予定　A5 判・304 ページ　本体 1500 円＋税

　中学校で，あらゆる物質は「原子」でできていると習った記憶はありませんか。この原子をもっともっと細かくしていくと最終的に何に行き着くのでしょうか。「あらゆる物質は，原子よりもうんと小さな極小のひもでできている！」。これが超ひも理論の考え方です。ひもがぶつかったり，くっついたりすることで，さまざまな自然界の現象が引きおこされているのだといいます。

　超ひも理論は，1960 年代後半に，南部陽一郎博士によって，その原型がつくられました。その後，さまざまな理論の革命を経て研究が進められていますが，今なお完成していません。しかし，超ひも理論が完成すれば，宇宙の始まりを計算できるようになり，わたしたちが暮らす，この宇宙の根本原理が解明されるかもしれないといいます！

　本書では，超ひも理論のエッセンスを，生徒と先生の対話を通してやさしく解説します。本書を通して，最新物理学の壮大なスケールを味わってみてください。お楽しみに！

主な内容

これが超ひも理論だ
世界は何でできている？
素粒子ってどんなもの？

ひもの正体にせまろう！
超高速で振動するひもが「物質」をつくる
「力」はひもが生み出していた！

超ひも理論は「9次元空間」を予言
9次元空間の世界
超ひも理論に欠かせない不思議な膜

発展をつづける超ひも理論
物理学者が追い求める究極の理論
超ひも理論で，宇宙を解き明かす

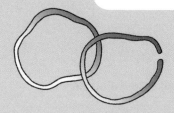

Staff

Editorial Management	木村直之
Editorial Staff	井上達彦，宮川万穂
Cover Design	岩本陽一

Illustration

表紙カバー	松井久美	103~105	Newton Press	281	佐藤蘭名
表紙	松井久美	108	Newton Press，松井久美	286	松井久美
生徒と先生	松井久美	110	Newton Press	288~293	松井久美
4	松井久美	113~133	松井久美	276~280	Newton Press
5	Newton Press	137	Newton Press	281	松井久美
7	松井久美	141	Newton Press	285	Newton Press，松井久美
8~10	Newton Press，松井久美	151	松井久美	287~293	松井久美
15	松井久美	153~155	Newton Press	295	©富永大介（国立研究開発法人産業技術総合研究所）
18~20	Newton Press	157	松井久美		
22~23	松井久美	175~177	松井久美	300	Newton Press
25	Newton Press	178~181	Newton Press	303	Newton Press
30	Newton Press	183	松井久美		
31~35	松井久美	209~211	松井久美		
38	Newton Press	221~223	松井久美		
41	松井久美	224~231	Newton Press		
43	Newton Press	232	松井久美		
44	松井久美	234	Newton Press		
47~51	Newton Press	235	松井久美		
52~57	松井久美	236~247	Newton Press		
60	Newton Press	254	佐藤蘭名		
63~65	松井久美	255~256	松井久美		
74~77	Newton Press	260	松井久美		
84~87	松井久美	262~264	Newton Press		
91	Newton Press	268	松井久美		
95	松井久美	271~272	松井久美		
96	Newton Press	273	Newton Press		
98	松井久美	275~277	松井久美		
99	Newton Press	279	佐藤蘭名		
101	松井久美	280	松井久美		

監修（敬称略）：
　山本昌宏（東京大学大学院教授）

東京大学の先生伝授
文系のための めっちゃやさしい

対 数

2021年2月25日発行

発行人	高森康雄
編集人	木村直之
発行所	株式会社 ニュートンプレス　〒112-0012東京都文京区大塚3-11-6
	https://www.newtonpress.co.jp/

© Newton Press　2021　Printed in Korea
ISBN978-4-315-52336-2